物联网工程专业系列教材

物联网实训案例设计

主 编 张翼英 梁 琨

中国水利水电出版社
www.waterpub.com.cn
·北京·

内 容 提 要

本书基于实际工作、生活中对物联网应用的不同需求,结合多种物联网典型技术,设计多个典型的物联网应用实训案例。全书共 13 章:第 1 章介绍物联网典型开发工具 Arduino,包括其背景、开发环境等;第 2 章介绍 PM2.5 的检测与展示;第 3 章介绍智能车锁系统原理、技术及开发过程;第 4 章基于超声波定位技术实现智能避障小车系统开发;第 5 章以 RFID 技术为核心,介绍基于 RFID 的公交卡系统;第 6 章详细介绍基于红外超声波等技术的智能视频对讲系统开发;第 7 章介绍烟气感知与告警系统的设计与开发;第 8 章介绍仓库温湿度环境监测系统的设计与开发;第 9 章介绍基于 Yeelink 及树莓派的远程智能家居系统设计与开发;第 10 章至第 13 章从工业应用角度出发,分别开发物联网基础系统和物联网管理服务平台,以及基于平台的畜牧养殖业物联网应用案例、市政井盖物联网应用案例、工程机械物联网应用案例。

本书适合作为高等院校物联网及相关专业的实验实训教材,也适合作为物联网技术相关研究人员、企事业单位相关专业人员进行物联网工作的重要参考资料。

图书在版编目(C I P)数据

物联网实训案例设计 / 张翼英,梁琨主编. -- 北京:中国水利水电出版社,2018.6
物联网工程专业系列教材
ISBN 978-7-5170-6575-3

Ⅰ. ①物… Ⅱ. ①张… ②梁… Ⅲ. ①互联网络-应用-高等学校-教材②智能技术-应用-高等学校-教材
Ⅳ. ①TP393.4②TP18

中国版本图书馆CIP数据核字(2018)第138046号

策划编辑:石永峰　　责任编辑:高　辉　　封面设计:李　佳

书　　名	物联网工程专业系列教材 **物联网实训案例设计** WULIANWANG SHIXUN ANLI SHEJI
作　　者	主　编　张翼英　梁　琨
出版发行	中国水利水电出版社 (北京市海淀区玉渊潭南路 1 号 D 座　100038) 网址:www.waterpub.com.cn E-mail: mchannel@263.net(万水) 　　　　sales@waterpub.com.cn 电话:(010)68367658(营销中心)、82562819(万水)
经　　售	全国各地新华书店和相关出版物销售网点
排　　版	北京万水电子信息有限公司
印　　刷	三河市铭浩彩色印装有限公司
规　　格	184mm×260mm　16 开本　13.5 印张　331 千字
版　　次	2018 年 6 月第 1 版　2018 年 6 月第 1 次印刷
印　　数	0001—3000 册
定　　价	32.00 元

前　　言

物联网技术通过各种感知设备、射频设备、通信模块等，在物理世界与认知世界间建立多维度关联，实现了对客观世界的全面深度感知。如何实现对诸如空气质量、交通管理、视频监控、烟气感知等环境进行有效交互，实现物联网的广泛应用，是目前迫切需要解决的问题。

本书以实际需要为导向，以具体典型技术为目标，以通用感知设备为材料，结合各自在物联网技术领域的理论研究和实践，设计了多个典型应用案例，多方位讲解物联网应用设计与研发。

第 1 章介绍物联网实训案例主要开发环境 Arduino 的相关背景情况。

第 2 章介绍如何运用技术实现对 PM2.5 的检测和展示，构建了一个方便观察具体数值的系统。

第 3 章介绍如何使用单片机（Arduino UNO）控制舵机，如何利用 Wi-Fi 通信模块与智能设备进行通信传输数据，对 GPS 定位模块的简单数据解析，实现智能车锁系统的开发。

第 4 章介绍如何使用单片机（Arduino UNO）控制电机（TT 马达），以及如何利用超声波传感器获取障碍物的距离并交由单片机处理信息作出判断，实现智能小车避障。

第 5 章介绍如何利用 RFID 技术实现公交卡系统的注册、充值、余额查询、刷卡消费、注销等功能，并将卡片信息通过简单的 UI 界面显示，将关键信息通过语音播放出来。

第 6 章介绍通过部署视频传感器、超声波传感器等与手机等移动终端互联，实现远程门禁的智能交互。

第 7 章介绍通过部署一氧化碳传感器、烟雾传感器、温湿度传感器等建立烟气感知报警系统，实现烟气的浓度监测和火灾防范。

第 8 章以仓库或中小型库房存储环境监控为背景，从环境温湿度和烟雾浓度的监测角度出发，采用嵌入式开发技术，通过远程实时监测仓库温湿度、烟雾浓度等。

第 9 章以宠物箱的智能监控/操控为背景，通过使用现成的温湿度传感器模块、红外发射/接收传感器模块等，以树莓派为终端设备，以 Yeelink 为数据平台，实现对宠物箱的远程控制。

第 10 章通过物联网三层体系结构更详细地了解物联网在工业设备中的应用，提供 IoT Box（Modbus 专 2G，RS485&RS232）物联网软硬件整体解决方案，主要解决车辆监控的物联网智能硬件，以及配套的管理平台（中控室）、智能终端（手机、平板等）APP。

第 11 章基于强大且低功耗的 IoT 核心硬件、功能完备的软件系统平台以及定制化的设计，面向畜牧放养、畜牧圈养等众多养殖领域提供整体解决方案。

第 12 章基于 IoT 核心板硬件，通过集成具备 GNSS 功能及蓝牙功能的通信模组，并配置可充电电池以及内 PCB 天线，提出市政井盖物联网应用方案。

第 13 章基于 EIoT Box MB 系列产品，通过 RS232/RS485 接口，结合相关的数据线转换为 CAN 总线方式，实现物联网采集硬件同 ECU 连接，并进行车辆监控。

本书由张翼英、梁琨任主编，杨巨成、王孝强、池健任副主编。张翼英负责全书统筹工作，张翼英、张翼飞、梁琨对全书进行了审校。

具体编写分工如下：第 1 章由梁琨、张翼英、乔金帅编写，第 2 章由梁琨、张翼英、王凯编写，第 3 章由王聪、张翼英、于华超、庞浩渊编写，第 4 章由史艳翠、张翼英、刘柱、郭晨阳编写，第 5 章由刘柱、张翼英、王亚博、刘飞编写，第 6 章由张翼英、梁琨、楼贤拓编写，第 7 章由杨巨成、张翼英、邹维福、于洋、乔金帅编写，第 8 章由孙迪、梁琨、张翼英、刘柱、李博强、齐继轩编写，第 9 章由刘建征、梁琨、张翼英、何业慎编写，第 10 章至第 13 章由张翼英、张翼飞、梁琨、李岩、池健、王孝强、林耀波、柳小川等编写。

感谢教育部协同育人项目"物联网与 APP 开发实训设计与教材编写"的支持，感谢宜科（天津）电子有限公司的技术支持，感谢中国水利水电出版社在本书出版过程中给予的大力支持，感谢石永峰编辑的帮助。

希望本书能够对关心物联网应用推广的高校师生、物联网技术爱好者以及产业链相关各领域从业人员等读者有所裨益，能够为我国物联网产业的发展添砖加瓦。由于笔者水平及时间所限、各位编者编写风格各异，书中难免有不足之处，恳请专家和读者批评指正。

编　者

2018 年 3 月

目　　录

第 1 章　物联网项目开发概述

1.1　Arduino 背景介绍

Arduino 是一款便捷灵活、方便上手的开源电子原型平台，如图 1.1 所示。Arduino 最初由一个欧洲开发团队于 2005 年冬季开发。其成员包括 Massimo Banzi、David Cuartielles、Tom Igoe、Gianluca Martino、David Mellis 和 Nicholas Zambetti 等，初衷是开发一个便于教学和科研用的微型控制器，并设计了相应的编程语言。

图 1.1　Arduino 实物图

Arduino 构建于开放原始码 Simple I/O 界面版，并且具有使用类似 Java、C 语言的 Processing/Wiring 开发环境。它包含两个主要的部分：硬件部分是可以用来做电路连接的 Arduino 电路板；另一个则是 Arduino IDE，是计算机中用于程序设计的集成开发环境。在 IDE 中编写程序代码并进行分析、运行和调试，然后将写好的程序上传到 Arduino 电路板，通过在 Arduino 电路板上运行程序实例来完成功能实现。

Arduino 是一种开源的基于电子平台的易于使用的软硬件工具，主要采用 AVR 的单片机作为主控芯片，外加丰富的硬件扩展模块，可以实现丰富而实用的功能。它可以用于开发任何互动项目，拥有容易输入与输出的界面版。结合一些电子元件，就可以做出一些简单的作品，十分适合初学者学习与应用。例如，可以轻松地利用以太网、蓝牙、Wi-Fi、GPS、GSM（2G 移动电话）等扩展模块来实现远程通信和控制功能。利用 Arduino，甚至可以实现诸如 3D 打印、机器人、无人机等高级技术功能。这就大大降低了硬件设计的门槛，采用可堆叠的硬件设计理念，通过 board+shield 的组合方式，可以快速构建所需的硬件环境。

Arduino 能通过各种各样的传感器来感知环境，通过控制灯光、马达和其他装置来反馈、影响环境。板子上的微控制器可以通过 Arduino 的编程语言来编写程序，编译成二进制文件，再烧录进微控制器。对 Arduino 的编程是利用 Arduino 编程语言（基于 Wiring）和 Arduino 开发环境（基于 Processing）来实现的。基于 Arduino 的项目，可以只包含 Arduino，也可以包含 Arduino 和其他一些在 PC 上运行的软件（如 Flash、Procession、MaxMSP），它们之间进行通信来实现。

1.2　Arduino 软件简介

使用 Arduino 软件（IDE）编写的代码被称为项目（sketches），这些项目写在文本编辑器中，以.ino 的文件形式保存，软件中的文本编辑器有剪切/粘贴和搜索/替换功能。当保存、输出以及出现错误时状态区会显示反馈信息。控制台会以文字形式显示 Arduino 软件（IDE）的输出信息，包括完整的错误信息以及其他信息。整个窗口的右下角会显示当前选定的控制板和串口信息。工具栏按钮包含验证、下载程序、新建、打开、保存和串口监视器的功能。文本菜单包含文件、编辑、项目、工具、帮助五个部分。这些菜单是与要执行的操作和内容有关的，所以只有那些与当前操作有关的菜单才能使用。库为项目提供了额外的功能，比如硬件的使用和数据的处理。要在项目中使用库，需要选择菜单"项目"→Include Library（导入库）。这将在代码开头通过#include 的形式添加一个或多个库文件到你的项目中，因为库会随项目上传到控制板中，所以这会增加代码对存储空间的占用，如果代码中不再需要一个库，最简单的做法就是在代码中删除相应的#include 部分。

显示 Arduino 或 Genuino（USB 或串口板）发送的数据，要想发送数据给控制板，就需要在文本框中输入文本，然后点击"发送"按钮或按回车键。从下拉菜单中选择合适的波特率，这个波特率要与程序中 Serial.begin 后的参数一致。注意在 Windows、Mac 或 Linux 中，当你打开串口监视器的时候 Arduino 或 Genuino 会重启（程序会重新开始运行）。

在安装 Arduino IDE 后，进入 Arduino 安装目录，打开 Arduino.exe 文件，进入初始界面。打开软件会发现这个开发环境非常简洁（上面提到的三个操作系统 IDE 的界面基本一致），依次显示为菜单栏、图形化的工具栏、中间的编辑区域和底部的状态区域。Arduino IDE 用户界面的区域功能如图 1.2 所示。

图 1.2　Arduino IDE 用户界面

编辑器窗口选用一致的选项卡结构来管理多个程序，编辑器光标所在的行号显示在当前屏幕的左下角。

1. 文件菜单

写好的程序通过文件的形式保存在计算机中时，需要使用文件（File）菜单，文件菜单如图 1.3 所示。

如"打开最近的"是打开最近编辑和使用的程序，"首选项"可以设置项目文件的位置、编辑器语言、编辑器字体大小、输出时的详细信息、更新文件后缀（用后缀名.ino 代替原来的.pde 后缀）等。

工具栏中的"上传"按钮用于跳过引导装载程序，直接把程序烧录到 AVR 单片机里面。

2. 编辑菜单

紧邻文件菜单右侧的是编辑（Edit）菜单。顾名思义，编辑菜单是编辑文本时常用功能的选项集合。常用的编辑选项为恢复（Undo）、重做（Redo）、剪切（Cut）、复制（Copy）、粘贴（Paste）、全选（Select all）和查找（Find）。这些选项的快捷键也和 Microsoft Windows 应用程序的编辑快捷键相同，恢复为 Ctrl+Z、剪切为 Ctrl+X、复制为 Ctrl+C、粘贴为 Ctrl+V、全选为 Ctrl+A、查找为 Ctrl+F。

此外，编辑菜单还提供了其他选项，如"注释（Comment）"和"取消注释（Uncomment）"，Arduino 编辑器中使用"//"代表注释。还有"增加缩进"和"减少缩进"选项、"复制到论坛"和"复制为 HTML"选项等，如图 1.4 所示。

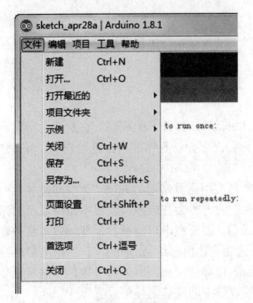

图 1.3　文件菜单

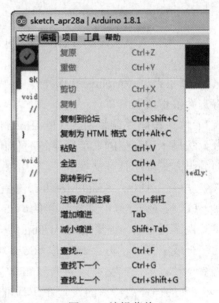

图 1.4　编辑菜单

3. 项目菜单

项目（Sketch）菜单包括与程序相关功能的菜单项。如图 1.5 所示，主要包括：

（1）验证/编译（Verify）：与工具条中的编译相同。

（2）上传（Upload）：上传选项是对绝大多数支持的 Arduino I/O 电路板使用传统的 Arduino 引导装载程序来上传。

（3）显示程序文件夹（Show Sketch Folder）：会打开当前程序的文件夹。

（4）加载库（Import Library）：导入所引用的 Arduino 库文件。

（5）添加文件（Add File）：可以将一个其他程序复制到当前程序中，并在编辑器窗口的新选项卡中打开。

4．工具菜单

工具（Tools）菜单是一个与 Arduino 开发板相关的工具和设置集合，如图 1.6 所示，主要包括：

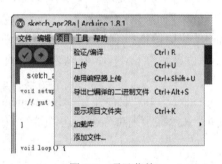

图 1.5　项目菜单

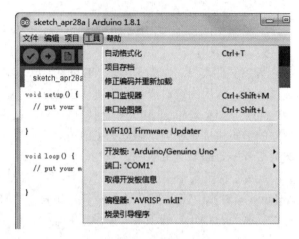

图 1.6　工具菜单

（1）自动格式化（Auto Format）：可以整理代码的格式，包括缩进、括号，使程序更易读和规范。

（2）项目存档（Archive Sketch）：将程序文件夹中的所有文件均整合到一个压缩文件中，以便将文件备份或者分享。

（3）修正编码并重新加载（Fix Encoding & Reload）：打开一个程序，在发现由于编码问题导致无法显示程序中的非英文字符时使用，如一些汉字无法显示或者出现乱码时，可以使用另外的编码方式重新打开文件。

（4）串口监视器（Serial Monitor）：是一个非常实用而且常用的选项，类似即时聊天的通信工具，PC 与 Arduino 开发板连接的串口"交谈"的内容会在该串口监视示器中显示出来。在串口监视器运行时，如果要与 Arduino 开发板通信，需要在串口监视器顶部的输入栏中输入相应的字符或字符串，再点击发送（Send）按钮就能发送信息给 Arduino。在使用串口监视器时，需要先设置串口波特率，当 Arduino 与 PC 的串口波特率相同时，两者才能够进行通信。Windows PC 的串口波特率的设置在计算机设备管理器中的端口属性中设置。

（5）串口绘图器：需要手动设置系统中可用的串口时选择，在每次插拔一个 Arduino 电路板时，这个菜单的菜单项都会自动更新，也可手动选择哪个串口接开发板。

（6）开发板：用来选择串口连接的 Arduino 开发板型号，当连接不同型号的开发板时需要根据开发板的型号到开发板选项中选择相应的开发板。

（7）烧录引导程序：将 Arduino 开发板变成一个芯片编程器，也称为 AVRISP 烧录器，读者可以到 Arduino 中文社区查找相关内容。

5.　帮助菜单

帮助（Help）菜单是使用 Arduino IDE 时可以迅速查找帮助的选项集合，如图 1.7 所示。包括快速入门、故障排除和参考，可以及时帮助了解开发环境，解决一些遇到的问题。也可以在帮助菜单中通过快速链接访问 Arduino 官方网站。读者可以下载 Arduino IDE 后首先查看帮助菜单。

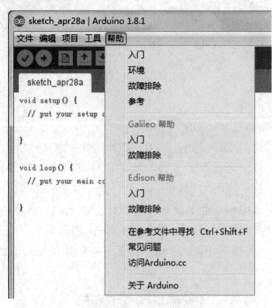

图 1.7　帮助菜单

1.3　Arduino 开发环境及调试

Arduino 开发板是一块基于开放源码的 USB 接口 Simple I/O 接口板（最原始的开发板包括 12 通道数字 GPIO、4 通道 PWM 输出、6～8 通道 10bit ADC 输入通道），并且具有使用类似 Java 或 C 语言的 IDE 集成开发环境。使用 Arduino 语言与 Flash 或 Processing 软件可以快速做出功能丰富的互动作品。

Arduino 开发工具（又叫 Arduino IDE）是由 Java、Processing、AVR-GCC 等开放源码的软件写成的开源软硬件工具，是一个在计算机上运行的集成开发环境，可以编写和传送程序到 Arduino 开发板中执行。简单来说，它是一个用来编写 Arduino 程序的软件，将程序编写好后，就可以通过此软件上传到电路板。其最大特点是跨平台的兼容性，适用于 Windows、Mac OS X 和 Linux。只需要简单的代码基础，开发者就可以通过该平台打造出个性化的物联网解决方案，如家庭远程监控、恒温控制等。

1.　下载地址

软件名：Arduino IDE，如图 1.8 所示。

版本号：1.8.1

Arduino IDE 下载网址：https://www.arduino.cc/en/Main/Software

Download the Arduino IDE

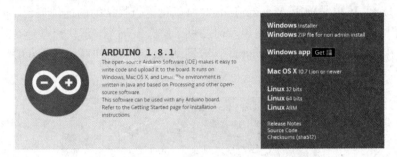

图 1.8　Arduino IDE

2．Arduino 安装地址/安装方法

Arduino 适用于 Windows、Mac OS 和 Linux 操作系统。

使用 Windows 时，下载得到的是一个 ZIP 文件。然后将文件解压缩到自己计算机的目录下边。解压后在文件夹中将会看见许多文件，其中包括可执行文件 Arduino.exe，双击该文件就会启动安装界面，紧接着是程序主窗口。

使用 Mac OS 时，在 Arduino 上下载的是磁盘映像文件（.dmg）。下载完成后，双击该文件，则映像会被挂载，双击应用程序，则会出现主程序窗口。

（1）下载适合自己计算机的 IDE 版本，如图 1.9 所示为 Mac OS X 10.7 Loin or newer 版本。

图 1.9　IDE 版本

（2）根据自己的计算机安装对应的 IDE 版本，安装后的 Arduino IDE 界面如图 1.10 所示。

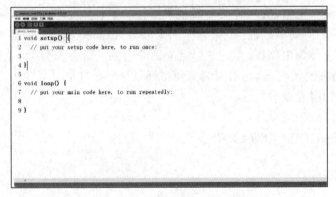

图 1.10　Arduino IDE 界面

1.4　Arduino 基本语法

Arduino 提供了各种变量类型用于有效地保存数据，Arduino 支持的基本数据类型见表 1.1。

表 1.1　Arduino 变量类型

类型	存储空间（字节）	取值范围
void	0	无存储空间
byte	1	0～255
boolean	1	false/true
char	1	-128～127
unsigned char	1	0～255
short	2	-32768～32768
int	2	-32768～32767
unsigned int	2	0～65535
word	2	0～65535
long	4	-2147483648～2147483647
unsigned long	4	0～4294967295
float	4	-3.4028235E+38～3.4028235E+38
double	4	-3.4028235E+38～3.4028235E+38

数据类型转换就是将数据（变量、表达式的结果）从一种类型转换到另一种类型。Arduino 数据类型转换函数有 5 种，见表 1.2。

表 1.2　数据类型转换函数

函数	作用
int()	强制转换成 int 类型
byte()	强制转换成 byte 类型
char()	强制转换成 char 类型
long()	强制转换成 long 类型
float()	强制转换成 float 类型

Arduino 语法是建立在 C/C++基础上的，其实也就是基础的 C 语法，Arduino 语法只不过把相关的一些参数设置都函数化。为了让读者快速入门，这里仅简单地介绍一下常用的 Arduino 语法。

1. 常量

（1）HIGH|LOW 表示数字 I/O 口的电平，HIGH 表示高电平（1），LOW 表示低电平（0）。

（2）INPUT｜OUTPUT 表示数字 I/O 口的方向，INPUT 表示输入（高阻态），OUTPUT 表示输出（AVR 单片机能提供 5V 电压 40mA 电流输出）。

2. 结构

（1）void setup()：初始化变量、管脚模式、调用库函数等。

（2）void loop()：连续执行函数内的语句。

3. 数字 I/O

（1）pinMode(pin,mode)：数字 I/O 口输入输出模式定义函数，pin 表示为 0～13，mode 表示为 INPUT 或 OUTPUT。

（2）digitalWrite(pin,value)：数字 I/O 口输出电平定义函数，pin 表示为 0～13，value 表示为 HIGH 或 LOW。比如定义 HIGH 可以驱动 LED。

（3）int digitalRead(pin)：数字 I/O 口读输入电平函数，pin 表示为 0～13，value 表示为 HIGH 或 LOW。比如可以读数字传感器。

4. 模拟 I/O

（1）int analogRead(pin)：模拟 I/O 口读函数，pin 表示为 0～5。比如可以读模拟传感器（10 位 AD，0～5V 表示为 0～1023）。

（2）analogWrite(pin,value)：PWM 数字 I/O 口 PWM 输出函数，Arduino 数字 I/O 口标注了 PWM 的 I/O 口可使用该函数，pin 表示 3, 5, 6, 9, 10, 11，value 表示为 0～255。

5. 时间函数

（1）delay(ms)：延时函数（单位 ms）。

（2）delayMicroseconds(μs)：延时函数（单位μs）。

6. 数学函数

（1）min(x, y)：求最小值。

（2）max(x, y)：求最大值。

（3）abs(x)：计算绝对值。

（4）constrain(x, a, b)：约束函数，下限 a，上限 b，x 必须在 a 和 b 之间才能返回。

（5）map(value, fromLow, fromHigh, toLow, toHigh)：约束函数，value 必须在 fromLow 与 toLow 之间和 fromHigh 与 toHigh 之间。

（6）pow(base, exponent)：开方函数，base 的 exponent 次方。

（7）sq(x)：平方。

（8）sqrt(x)：开根号。

在实际编程中，Arduino 单片机的引脚通过 pinMode()语句和 writelRead()语句进行设置。

Arduino 引脚通过 pinMode()配置为输入（INPUT），即将其配置在一个高阻抗的状态。配置为 INPUT 的引脚可以理解为引脚取样时对电路有极小的需求，即等效于在引脚前串联一个 100 兆欧姆（Megohms）的电阻。这使得它们非常利于读取传感器，而不是为 LED 供电。

Arduino 引脚通过 pinMode()配置为输出（OUTPUT），即将其配置在一个低阻抗的状态。

用 digitalWrite()给一个数字引脚写入 HIGH 或者 LOW。如果一个引脚已经使用 pinMode()配置为 OUTPUT 模式，其电压将被设置为相应的值，HIGH 为 5V（3.3V 控制板上为 3.3V），LOW 为 0V。如果引脚配置为 INPUT 模式，使用 digitalWrite()写入 HIGH 值，将使内部 20kΩ 上拉电阻。写入 LOW 将会禁用上拉。上拉电阻可以点亮一个 LED 让其微微亮，如果 LED 工作，但是亮度很低，每一个 Arduino 程序都必须拥有两个过程：void setup(){}和 void loop(){}。

void setup(){}里面的代码在导通电源时会执行一次,然后 void loop(){}里面的代码会不断执行。

1.5 Arduino UNO 版型介绍

UNO 是意大利语言,在意大利语中是"1"的意思。如图 1.11 所示,UNO 单片机拥有 14 个数字输入输出引脚、6 个模拟输入引脚、1 个 16MHz 晶体振荡器、1 个 USB 连接器、1 个电源插座和 1 个复位按钮等。

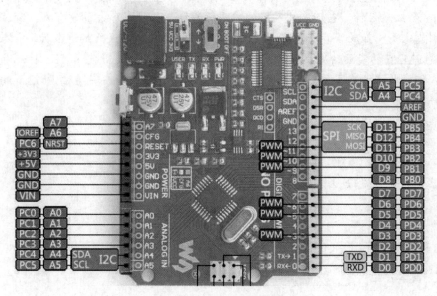

图 1.11   Arduino 引脚图

Arduino UNO 上 USB 口附近有一个可重置的保险丝,对电路起到保护作用。当电流超过 500mA 时会断开 USB 连接。

Arduino UNO 提供了自动复位功能,可以通过主机复位;该装置可通过主板上的"RESET"开启和禁止。通过 Arduino 软件程序控制 UNO 自动复位,不再需要复位按钮。

第 2 章　PM2.5 检测与展示

本章导读

近年来，PM2.5 成为人们对空气质量关注的热点问题。PM2.5 是指空气中飘浮的粒径小于等于 2.5μm 的细颗粒物，它不能被人们的肉眼所看到，并且富含大量的有毒、有害物质，长期吸入可引发人类心血管疾病、呼吸道疾病以及肺癌。随着雾霾天气的逐渐增多，人们希望随时随地知晓 PM2.5 的实际情况，从而采取相应的保护措施。通过开发 PM2.5 检测和展示系统将有助于人们实时了解空气质量指数。本章将介绍如何运用技术去实现对 PM2.5 的检测和展示，构建一个方便观察具体数值的系统。

本章我们将学习以下内容：
- PM2.5 的介绍
- PM2.5 的检测原理
- 系统的开发流程

2.1　项目简介

2.1.1　背景介绍

自 2012 年 11 月以来，中国中东部大部分地区陷入了严重的雾霾天气之中，空气质量严重下降。特别是 2013 年 1 月，北京、天津、河北等地共发生了 5 次强霾污染，PM2.5 成了公众广泛议论的话题。PM2.5 是气象环保部门用以监测空气质量的重要指标，指的是环境空气中空气动力学当量直径小于等于 2.5μm 的颗粒物，也称细颗粒物、可入肺颗粒物。它的直径还不到人的头发丝粗细的 1/20，能较长时间悬浮于空气中，其在空气中含量（浓度）越高，就代表空气污染越严重。同时，它也是大气环境中普遍存在又无恒定化学组分的聚集体，可以使一些气体污染物转化成有害的颗粒物或使某些污染物的毒性增强，并会散射太阳光，致使大气能见度降低。由此可见，大气环境质量将直接影响到人类的健康和生存，是人们长期关心的热点问题，尤其是雾霾这一灾害天气更应引起人们足够的重视。雾霾天气人们戴口罩出行的情形如图 2.1 所示。

1. 雾霾天气的成因分析

雾是一种由大量微小水滴或冰晶组成的乳白色悬浮物，是在空气相对湿度接近或达到饱和状态的情况下形成的，雾滴的平均直径约为 10～20μm，使空气的水平能见度小于 1.0km。霾则是悬浮在空气中大量肉眼无法分辨的细微颗粒，其平均直径约为 1～2μm，其中有机碳氢化合物、灰尘等粒子使大气变得非常混浊，霾使空气的水平能见度小于 10km。雾与霾的重要区别是水汽含量的多少，当水汽含量较高时称为雾，水汽含量小于 80%则称为霾，介于 80%～90%之间的，则是雾和霾的混合物。

图 2.1　雾霾天气人们戴口罩出行

在大气的对流层中，气温随高度的增加而降低，但如果遇到大气的相对湿度较大、风又不太大的特殊情况，大气将会出现逆温现象，即气温会随高度的增加而升高。逆温层是一种极其稳定的空气层，即暖空气在冷空气之上，阻碍着大气的正常对流运动导致空气中的污染物无法及时扩散，加之各种大气污染物的存在，雾霾灾害就很容易发生。例如，郑州市位于河南省中部，属于温带季风气候，年平均气温 14.4℃。春季，在蒙古冷高压控制和东南季风影响下，受沙丘移动和造成土地沙化的主导风西北及东南两大风系影响，大风频繁，城市常出现沙尘暴的恶劣天气；冬季，由于郑州市实行集中供暖，排放的燃煤烟尘增加了悬浮颗粒的含量。同时，机动车尾气污染物也是重要的气态污染物，汽车尾气中含有上百种化合物，数量巨大的汽车排放出大量的固体悬浮微粒。另外，随着郑州城市建设规模的扩大，基建工地的扬尘和水泥灰尘、饭店的油烟尘，以及众多的高楼大厦，增大了地面摩擦系数，使风流经过城区时速度明显减弱。风速的减小，也使得夜间大气层稳定，大气污染物不易向城区外围扩展稀释，易在城区内积累形成高浓度的污染。可见，人为影响大气污染的有三大污染源：煤、石油和基建厂。

2. 雾霾天气的主要危害

由于自然的原因，再加之各种人为排放的污染物增加，使城市在大雾多发季节易发生危害性更强的灰霾天气。雾使大气的水汽含量很高，人体的汗液不易排出体外，若人们在户外长时间活动，容易造成胸闷、血压升高。另外，雾中的大气污染物会对人们的喉咙、眼睛等器官造成伤害。雾还会造成植物的光合作用减弱，影响植物的生长速度，对植物叶片造成污点。雾中的硫化物、氢化物等使得电线绝缘性能下降，易发生电线短路现象。

PM2.5 对人体的伤害则更大，医学研究表明，粒径在 2.5μm 以下的细颗粒物，极易被人体吸入后直接进入支气管，加重人体的呼吸系统疾病，引起心力衰竭，当这些颗粒通过肺部进入血液中后，将损害血红蛋白的输氧。老年脑血管病患者的症状会加重，甚至会促发中风；紫外线是促使人体骨骼合成维生素 D 的重要途径，细颗粒物还可以减弱紫外线辐射，这将导致婴幼儿佝偻病发病率增高。而且，即使戴上口罩，也不能有效减少 PM2.5 的吸入，这对老人和儿童的健康危害最大。同时，雾霾也成为了"马路杀手"，使驾驶员视线受到了阻挡，给交通安全带来了严重的危害，在雾霾天气中人会感觉到郁闷、压抑、精神紧张。

3. 雾霾灾害的治理及防御措施

（1）控制雾霾的源头，合理规划城市。

城市中心的气温常比四周郊区要高，在气象学中称之为"城市热岛"。由于"热岛效应"的存在，可使城市中心大气污染更加严重。因此，对大气有严重污染的企业在进行区位选择时，要考虑到热岛环流的因素，以避免污染物从近地面流向城区。以郑州市为例，由于郑州冬季盛行西北风，在城市规划中，切不可采取"摊大饼"的模式，而要考虑到主导风向，把对大气有污染的工业部门建在最小风频（即对某一地区多年平均风向进行统计后，出现次数最少的风向）的上风向，或与盛行风向垂直的郊外，这样对城市大气污染程度影响才能最小。

同时，还要针对郑州市春季风沙较大的气候特点，大力增加城市绿地的覆盖率，发挥其吸烟除尘的效益，以降低雾霾形成的概率。可见，城市是人类作用于环境最深刻、最集中的区域，我们必须清醒地认识到，城市不能以追求利润最大化为根本目的，不能以牺牲空气质量为代价而盲目追求经济效益。城市发展及其规划要体现出传统与现代、人与自然和谐共生的原则。建议各级政府要建立明确的责任制，把 PM2.5 的治理作为考核干部政绩的重要内容，落实到具体法人。各地区间也要开展大气污染联防整治，当出现污染严重的雾霾天气时，要启动相应的应急机制。

（2）发展公共交通，注意自我保护。

机动车尾气中的有害气体如四乙基铅，经过复杂的化学过程变化后凝聚成为二次污染源 PM2.5。参照美国环保署的标准凡是 PM2.5 大于 $0.065m^2$，就表明空气的质量不健康。以洛杉矶为例，20 世纪 50 年代，该城市的汽车数量急剧增加，汽车尾气中的碳氢化合物、氮氧化合物和一氧化碳，在阳光的作用下，发生了光化学反应，生成淡蓝色的烟雾，在短短的两天内，65 岁以上的老人就死亡了 400 余人。又如，震惊世界的"伦敦烟雾事件"发生在 1952 年 12 月，英国全境几乎被浓雾覆盖，逆温层在 400m 低空，致使燃烧产生的烟雾不断积累，其中的三氧化铁促使二氧化硫产生硫酸泡沫，凝结在烟尘上形成酸雾，死亡人数较常年同期多 4000 人。

这两起大气环境污染事件给我们敲响了警钟，政府部门需要让 GDP 真正变清、变绿，各级领导干部能够普遍树立起美好的生态环境即好的政绩观念。研究表明，轿车的污染是公共汽车的 50 倍、有轨电车的 100 倍，大力发展公共交通运输，可有效降低污染物的总排放量。为消除雾霾对城市的危害，建议相关部门应尽快出台机动车污染物的排放标准。公众也要养成良好的生活习惯，比如，要尽量减少外出活动，及时洗脸、洗手、漱口。机动车驾驶员更要增强安全意识，行车时注意放慢速度，随时注意周围情况。由于在雾霾天气下，汽车制动器敏感性下降，在下坡时，要选择低挡位降速行驶，要绝对避免空挡或熄火滑行。在进入有雾区域时，驾驶员应尽量使用近光灯，以看清楚地面的标线；在高速公路行驶时，如突然遇到浓雾天气，驾驶员要尽快打开雾灯、示廓灯和尾灯，尽量将车停靠在安全地带。

（3）加强环境的科普教育，提高身体免疫力。

气象工作者们可以定期在社区举办一些讲座，告诉老百姓应该怎样躲避雾霾天气，气象局还要做好气象服务，将灾害天气信息及时传递给老百姓。教育工作者们要有意识地将环境教育融于教学过程，使之成为教师的一种潜意识，而不是脱离实际地去照搬书中的大道理。所以，最好的环境保护教育方式就是要在现实的生活中进行，教师要通过调查，结合当地发生的雾霾灾害，为学生做好环保的科普教育，让广大青少年学生带动家长，规范个人的日常行为、提高个人的环境伦理道德，将大气环境保护的知识普及到更多的人群当中。

（4）控制生活污染，以减少 PM2.5 的来源。

在室内公共场所要禁止吸烟，尤其是那些"瘾君子"们更不能在幼儿园内抽烟，因为这将侵犯到儿童的生命健康权及人格尊严权，要承担相应的法律责任。另外，春节是中国的传统节日，为了增加节日的气氛，体现出"年味"来，老百姓常在除夕、农历正月初五、元宵节等日子燃放烟花爆竹，大量燃放鞭炮也可以使 PM2.5 的数值瞬间升高。面对雾霾天气，更要特别关注老人和儿童的健康问题。

PM2.5 在每天的不同时候，分布的情况是不同的。如图 2.2 所示，显示了天津地区 PM2.5 时间分布状况，在上午 8 点到 10 点间是 PM2.5 浓度的高峰期。因为白天天气晴好，近地面受到太阳辐射增温较强，低层湍流和对流发展，将细小的尘埃等污染物颗粒向较高层输送扩散，使得近地层污染物浓度降低，大气通透度变好。而到了中午至午后随着气温的迅速回升，雾霾情况得到了一些好转。

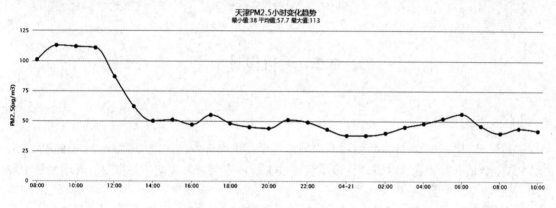

图 2.2   天津某天 PM2.5 时间分布图

总的来说，早晚气温较低，近地层对流很弱，污染物易积聚在近地层，比较容易出现雾霾。在生活中，雾霾的情况会对人们的出行计划带来较大的影响，所以检测不同时间的 PM2.5 是十分重要的，实时的数据观察能方便人们对计划随时做出不同的改变，如及时预防或坚持少出行等，能让人们的健康得到一定的保障。

2.1.2   系统简介

工业发展所导致的空气质量恶化越来越牵动着人们的神经，其中来自工业粉尘、汽车尾气的 PM2.5 颗粒对人体健康的潜在危害尤为突出，关于 PM2.5 的检测方法和设备的研究逐渐被提上了日程。本系统结合 Arduino 单片机和 GP2Y1014AU0F 粉尘传感器设计了一种简易的 PM2.5 检测系统，该系统兼备实时性和便捷性，实现了人们对所处环境空气质量的掌控。

该系统主要由 Arduino 单片机、GP2Y1014AU0F 粉尘传感器、A/D 转换、液晶显示、电源供电五个模块组成。粉尘传感器实时检测所处环境中 PM2.5 颗粒浓度并输出模拟电压信号，由 A/D 转换电路将其转换为数字信号送入单片机中进行数据分析和处理，一方面将计算出的测量值通过液晶显示器显示出来，另一方面实现了定时刷新，当 PM2.5 所处周围环境发生改变时，数据也将发生变化，用户可从液晶上便捷地观察到，如图 2.3 所示。

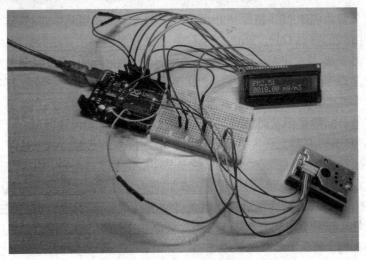

图 2.3　项目实物连接总图

2.2　项目设计

2.2.1　运行流程

该系统是根据空气质量指数的检测与展示这个需求而开发的，能够检测空气中的 PM2.5、PM10 浓度数值，并做到定时刷新。该系统每过 1 秒钟重新采集数据，并将数值展示到便于观察的 1602 液晶屏上面。

在硬件环境上，采用 9V 的电池及配套电池盒给单片机供电。单片机采用的是 Arduino 系列，在官方提供的 Arduino 标准 IDE 下进行编程及开发。检测 PM2.5 的传感器采用的是 GP2Y1014 系列，将它的引脚与单片机的引脚通过面包板进行连接，数据通过 Arduino 单片机的 A/D 转换，由模拟信号转换为数字信号，定时刷新，实现数据的传输。采用 1602 显示液晶进行 PM2.5 数值的展示，系统结构图如图 2.4 所示。

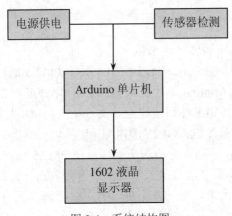

图 2.4　系统结构图

2.2.2　系统功能流程

该系统具备感知、转换和显示的功能。将传感器作为感知模块，将采集到的数据进行转换及计算，并通过显示模块将数值进行展示，系统功能流程图如图 2.5 所示。

图 2.5　系统功能流程图

2.3　项目开发

2.3.1　材料准备

1. PM2.5 传感器

（1）简介说明。

GP2Y1014AU0F 是一款光学空气质量传感器，设计用来感应空气中的尘埃粒子，其内部对角安放着红外线发光二极管和光电晶体管，使得其能够探测到空气中尘埃的反射光，即使非常细小的颗粒（如烟草烟气颗粒）也能够被检测到，适合在空气净化系统中应用。其可测量 $0.8\mu m$ 以上的微小粒子，感知花粉、房屋粉尘和烟草产生的烟气等，体积小、重量轻、便于安装。该传感器具有非常低的电流消耗（最大 20mA，典型值 11mA），可使用高达 7VDC 的电源供电。GP2Y1014AU0F 输出为模拟电压，其值与粉尘浓度成正比。GP2Y1014AU0F 插上电源后 1 秒内会稳定、正常地运作，可以检出烟尘的浓度。

该传感器通过红外发光二极管和光电晶体管对角布置成允许其检测到空气中的灰尘反射光，输出的是一个与所测得的粉尘浓度成正比的模拟电压，敏感性为 $0.5V/0.1mg/m^3$。传感器如图 2.6 所示。

图 2.6　GP2Y1014AU0F 传感器

（2）规格特性。

1）关于无尘时输出电压（VCC（V）），在没有灰尘、烟的状态下的输出电压有规定的最大值。

2）关于输出电压的范围（VoH），是输出电压的最大电压，有规定的最小值。

3）关于输出感度（K），是粉尘浓度 0.1mg/m³ 变化时的输出电压的变化，有规定的最小值和最大值。

（3）驱动条件。

根据 LED 驱动周期（脉冲周期：T(ms)），LED 驱动时间（脉冲宽度：Pw(ms)）输出电压会变动，规格书特性的规格值是脉冲周期 T：10ms，脉冲宽度 Pw：0.32ms，取样时间：0.28ms，根据条件变动，规格书上的特性值（无尘时输出电压、检出感度）也随之变动。在微机编程上，不能以此条件设定的情况下，请在规格书的推荐范围内操作。

另外，根据电源电压，输出电压也会变动。不能以规格书的条件来设计时，根据脉冲周期、脉冲宽度的不同，输出电压的不同及电源电压这一输出特性如图 2.7 所示。

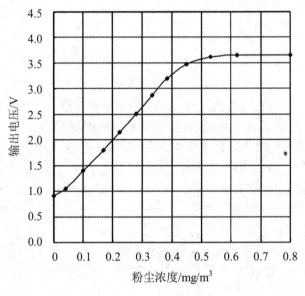

图 2.7　输出电压图

（4）关于检出方法。

1）GP2Y1014AU 插上电源后 1s 内会稳定、正常地运作，可以进行检出。对 GP2Y1014AU 输出电压的绝对值，并不是判断检出的有无，我们推荐的使用方法是：无尘时，从输出电压的变化量来进行判定。

2）灰尘和烟的判别：从输出电平大小的变化及输出电平时间的变化上来看，可以知道检测出的对象物。现在，对灰尘和烟检出时输出的区别进行说明。一般来说，烟的粒子是细微粒子，密度高，会扩散式地大范围飘移。与此相比，灰尘是一个一个大颗粒，密度低，断断续续地进入灰尘传感器的检出领域。烟是连续地表现出较高的输出电压，灰尘是间断地表现较高的输出电压。因此，根据传感器的输出电压值（发光素子和已同期的脉冲输出电压值）在时间上的推移向微机软件读取，是否无尘/是否有烟/是否有灰尘，不管是哪种状态，以及空气污染程度是多少，都可以进行检出。

3）以前的旧机种 GP2U05/06 根据峰值保持电路时定数较大，由于起落的应答时间较长，对于单个灰尘该传感器也会有检测不出的情况发生。

（5）关于无尘时输出电压的更新。

无尘时输出电压是灰尘、烟检出有无的判定级别的基准，正确地说是检出精度的提高。

无尘时输出电压是根据发光二极管发光输出的低下、在盒子内部灰尘的附着、周围温度等来进行变化。发光输出低下，无尘时输出电压下降；器件的盒子内部灰尘的附着能使无尘输出电压有上升的倾向。基本上，随着时间的推移，如果输出电压没有发生变化，并不会视作无检查物，以那个标准作为无尘的输出电压来更新。

该传感器使用发光二极管。一般来说，发光二极管在长期通电的情况下，输出会降低。灰尘传感器发光二极管的输出降低，无尘输出电压及检出感度也会随之降低。在该传感器编入用户的机器后，用户产品在出厂时无尘输出电压被记忆在 E2PROM 中。此后，在市场的某一段时间，标准在固定的情况下及比记忆的标准低下时就会进行更新，根据无尘输出电压低下的程度补正检出电压。例如，对微机补正灰尘及烟是否有无的判定标准。另外，无尘输出电压变高时是由于其他元素（如盒子内部有灰尘附着），请不要进行检出感度提高的补正。

（6）注意事项。

电源电压：5～7V

消耗电流：20mA，最大值

最小粒子检出值：0.8μm

灵敏度：0.5V/(0.1mg/m^3)

清洁空气中电压：0.9V 典型值

工作温度：-10℃～65℃

存储温度：-20℃～80℃

使用寿命：5 年

2．LCD1602 液晶模块

（1）LCD1602 液晶简介。

1602 液晶也叫 1602 字符型液晶，是一种专门用来显示字母、数字、符号等的点阵型液晶模块。它由若干 5×7 或者 5×11 点阵字符位组成，每个点阵字符位都可以显示一个字符，每位之间有一个点距的间隔，每行之间也有间隔，起到了字符间距和行间距的作用，如图 2.8 所示。

图 2.8　LCD 1602 液晶显示屏

LCD1602 是指显示的内容为 16×2，即可以显示两行，每行 16 个字符液晶模块（显示字符和数字）。市面上字符液晶大多数是基于 HD44780 液晶芯片的，控制原理是完全相同的，因此基于 HD44780 写的控制程序可以很方便地应用于市面上大部分的字符型液晶。LCD 1602 引脚如图 2.9 所示。

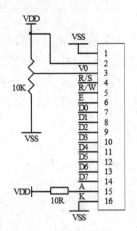

图 2.9 LCD1602 引脚图

（2）LCD1602 液晶的寄存器。

1）共有两组电源。一组是模块的电源，另一组是背光板的电源，一般均使用 5V 供电。该系统背光使用 Arduino 的 3.3V 供电口。

2）VL 是调节对比度的引脚，串联不大于 5kΩ的电位器进行调节。该系统使用 1kΩ的电阻来设定对比度。其连接分高电位与低电位接法，本次使用低电位接法，串联 1kΩ电阻后接 GND。

3）R/S 是很多液晶上都有的引脚，是命令/数据选择引脚，该引脚电平为高时表示将进行数据操作，为低时表示进行命令操作。

4）R/W 也是很多液晶上都有的引脚，是读写选择端，该引脚电平为高时表示要对液晶进行读操作，为低时表示要进行写操作。

5）E 同样是很多液晶模块有的引脚，通常在总线上信号稳定后给一正脉冲通知把数据读走，在该引脚为高电平的时候总线不允许变化。

6）D0～D7/D8 为双向并行总线，用来传送命令和数据。

7）BLA 是背光源正极，BLK 是背光源负极。

具体信息见表 2.1 和表 2.2。

表 2.1 液晶接口引脚定义

编号	符号	引脚说明	编号	符号	引脚说明
1	VSS	电源地	9	D2	Data I/O
2	VDD	电源正极	10	D3	Data I/O
3	VL	液晶显示偏压信号	11	D4	Data I/O
4	R/S	数据/命令选择端（H/L）	12	D5	Data I/O
5	R/W	读/写选择端（H/L）	13	D6	Data I/O
6	E	（或 EN）端为使能（edalle）端信号	14	D7	Data I/O
7	D0	Data I/O	15	BLA	背光源正极
8	D1	Data I/O	16	BLK	背光源负极

表 2.2 液晶的基本操作图

读状态	输入	R/S=L，R/W=H，E=H	输出	D0-D7=状态字
写指令	输入	R/S=L，R/W=L，D0～D7=指令码，E=高脉冲	输出	无
读数据	输入	R/S=H，R/W=H，E=H	输出	D0-D7=数据
写数据	输入	R/S=H，R/W=L，D0～D7=数据，E=高脉冲	输出	无

（3）LCD 1602 液晶的使用。

1）清屏指令，见表 2.3。

表 2.3 清屏指令

指令功能	指令编码										执行时间/ms
	R/S	R/W	DB7	DB6	DB5	DB4	DB3	DB2	DB1	DB0	
清屏	0	0	0	0	0	0	0	0	0	1	1.64

功能：清除液晶显示器，即将内容全部填入"空白"的 ASLL 码 20H。光标归位，即将光标撤回液晶显示屏的左上方，将地址计数器（AC）的值设置为 0。

2）光标归位指令，见表 2.4。

表 2.4 光标归位指令

指令功能	指令编码										执行时间/ms
	R/S	R/W	DB7	DB6	DB5	DB4	DB3	DB2	DB1	DB0	
光标归位	0	0	0	0	0	0	0	0	1	X	1.64

功能：把光标撤回显示器的左上方，把地址计数器（AC）的值设置为 0，保持 RAM 的内容不变。

3）进入模式设置指令，见表 2.5。

表 2.5 进入模式设置指令

指令功能	指令编码										执行时间/μs
	R/S	R/W	DB7	DB6	DB5	DB4	DB3	DB2	DB1	DB0	
进入模式设置	0	0	0	0	0	0	0	1	I/D	S	40

功能：设定每次写入 1 位数据后光标的移动方向，并且设定每次写入的一个字符是否移动。参数的设定情况如下：

位名　　　设置

I/D　　　0=写入新数据会光标左移　　　　　1= 写入新数据后光标右移

S　　　　0=写入新数据后显示屏不移动　　　1= 写入新数据后显示屏整体右移 1 个字符

4）显示开关控制指令，见表 2.6。

表 2.6 显示开关控制指令

指令功能	指令编码										执行时间/μs
	R/S	R/W	DB7	DB6	DB5	DB4	DB3	DB2	DB1	DB0	
显示开关控制	0	0	0	0	0	0	1	D	C	B	40

功能：控制显示器开/关、光标显示/关闭以及光标是否闪烁。参数设定的情况如下：

位名	设置	
D	0=显示功能关	1=显示功能开
C	0=无光标	1=有光标
B	0=光标闪烁	1=光标不闪烁

5）设置显示屏或光标移动方向，见表2.7。

表 2.7　设置显示屏或光标移动方向

指令功能	指令编码										执行时间/μs
	R/S	R/W	DB7	DB6	DB5	DB4	DB3	DB2	DB1	DB0	
设置显示屏或光标移动方向	0	0	0	0	0	1	S/C	R/L	X	X	40

功能：使光标移位或使整个屏幕移位。参数设定的情况如下：

S/C	RL	设定情况
0	0	光标左移一格，且 AC 减 1
0	1	光标右移一格，且 AC 减 1
1	0	显示器上字符全部左移一格，但光标不移动
1	1	显示器上字符全部右移一格，但光标不移动

6）功能设定指令，见表2.8。

表 2.8　功能设定指令

指令功能	指令编码										执行时间/μs
	R/S	R/W	DB7	DB6	DB5	DB4	DB3	DB2	DB1	DB0	
功能设定	0	0	0	0	1	DL	N	F	X	X	40

功能：设定数据总线位数、显示的行数及字型。参数设定的情况如下：

位名	设置	
DL	0=数据总线为 4 位	1=数据总线为 8 位
N	0=显示 1 行	1=显示 2 行
F	0=5×7 点阵/每字符	1=5×10 点阵/每字符

7）设定 CGRAM 地址指令，见表2.9。

表 2.9　设定 CGRAM 地址指令

指令功能	指令编码										执行时间/ms
	R/S	R/W	DB7	DB6	DB5	DB4	DB3	DB2	DB1	DB0	
设定 CGRAM 地址	0	0	0	1	CGRAM 的地址						40

功能：设定下一个要存入数据的 CGRAM 的地址。DB5DB4DB3 为字符号，也就是将来要显示该字符时要用到的字符地址（000～111）（能定义八个字符）。

DB2DB1DB0 为行号（000～111）（八行）。

（4）注意事项。

电源电压：5～7V

消耗电流：20mA，最大值

最小粒子检出值：0.8μm

灵敏度：0.5V/(0.1mg/m^3)

清洁空气中电压：0.9V，典型值

工作温度：-10℃～65℃

存储温度：-20℃～80℃

使用寿命：5 年

2.3.2　开发过程

1．液晶模块

在该检测与展示系统中，是用 Arduino 单片机进行开发的。该液晶模块用到了 Arduino 的 3.3V 和 5V 的电源接口与 2 个 GND 接口和 6～12 这 7 个 I/O 口，液晶的 1、2 脚分别接 GND 和电源，而背光的电源和地线 15、16 脚分别接 3.3V 电源和 GND。液晶的 3 脚需要外接一个电阻，其他对应 I/O 引脚如图 2.10 所示。

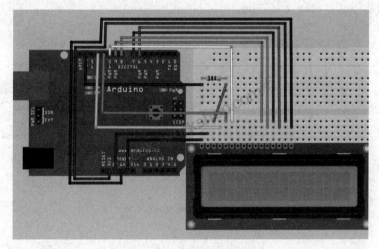

图 2.10　液晶模块接线图

（1）液晶寄存器命令写入函数。

在对液晶进行命令写入操作时，必须先将 R/S 端、R/W 端和 EN 端信号拉低。

```
1    void LCD_Command_Write(int command)
2    {
3        int i,temp;
4        digitalWrite( LCD1602_RS,LOW);              //打开命令选择端
5        digitalWrite( LCD1602_RW,LOW);              //打开写入端
6        digitalWrite( LCD1602_EN,LOW);              //使能信号拉低
7    }
```

（2）显示字符的函数。

定义了显示单个字符的函数，通过调用它，定义了能够显示字符串的函数，并且参数可以传入显示字符的行与列。液晶默认的第一行地址是 0x80，而第二行地址需要加到 0xC0。当需要在液晶中显示一个字符时，首先需要确定它要显示的位置。所以需要在显示字符函数中调用确定字符地址的函数。

```
1    void LCD_SET_XY( int x, int y )              //参数为选择的位数和行数
2    {
3      int address;
4      if ( y ==0 )        address = 0x80 + x;     //在第一行显示
5      else                address = 0xC0 + x;     //在第二行显示
6      LCD_Command_Write(address);
7    }
8    void LCD_Write_Char( int x,int y,int dat)     //显示一个字符
9    {
10     LCD_SET_XY( x, y );
11     LCD_Data_Write(dat);
12   }
```

2. 传感器模块代码

传感器 GP2Y1014 及接口如图 2.11 所示，其与 Arduino 单片机的连接如图 2.12 所示，传感器的 1 和 6 管脚接单片机的 5V，2 和 4 管脚接单片机的 GND，第 3 脚接单片机的 I/O 口 D2，第 5 脚接单片机的 A0，如图 2.12 所示。

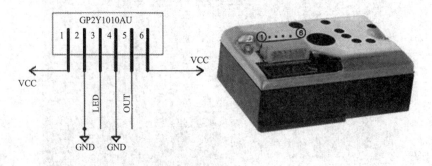

图 2.11　传感器 GP2Y1014 及接口

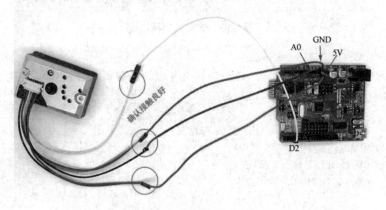

图 2.12　传感器连接图

这里主要简介波特率的设置及 PM2.5 浓度的计算方法。波特率就是单片机或计算机在串口通信时的速率。简而言之，就是给计算机和 Arduino 之间一个相同的速率。调制速率，指的是信号被调制以后在单位时间内的变化，即单位时间内载波参数变化的次数。在这里将波特率设置为 9600。

PM2.5 浓度的计算为：显示的浓度 = ((float(采集值/1024)-0.0356)*120000*0.035)。

```
1    Serial.begin(9600);
2    delay(1000);
3    if (dustVal>36.455)                  //计算 PM2.5 的数值
4        dustVal = ((float(dustVal/1024)-0.0356)*120000*0.035);
5    Serial.println(dustVal);            //在串口上显示
```

3. 单片机开发代码

利用 Arduino 单片机进行开发，系统总图如图 2.3 所示。该系统需要多个电源 VCC 及地线 GND，所以需要将 Arduino 的 VCC 引脚和 GND 引脚外接出来到面包板上，使 PM2.5 传感器和 1602 液晶都能接到电源和地线。

（1）setup()函数。

该部分对寄存器进行了设置，规定了在液晶上显示的行数和字符的样子。设置光标显示无闪烁和清屏的操作。

```
1    delay(100);
2    LCD_Command_Write(0x28);            //4 线，2 行显示，5x7 文字大小
3    delay(50);
4    LCD_Command_Write(0x06);            //自动增量，不显示移位
5    delay(50);
6    LCD_Command_Write(0x0c);
7    delay(50);
8    LCD_Command_Write(0x80);            //开启显示屏，光标显示，无闪烁
9    delay(50);
10   LCD_Command_Write(0x01);            //屏幕清空，光标位置归零
11   delay(50);
```

（2）循环函数部分 loop()。

该段程序主要是不停地进行循环，计算不同时间所测得 PM2.5 的数值，每次取得一个新数值，就重新刷新显示屏的寄存器的地址、清屏等，重新显示新的 PM2.5 的浓度。

```
1    digitalWrite(ledPower,LOW);         //I/O 口拉低
2    delayMicroseconds(delayTime);
3    dustVal=analogRead(dustPin);        //传入检测到的值
4    delayMicroseconds(delayTime2);
5    digitalWrite(ledPower,HIGH);        //I/O 口拉高
6    delayMicroseconds(offTime);         //延时
```

2.3.3　项目结果

该项目完成了对 PM2.5 检测与展示的功能，打造出了一个便捷的观察系统。通过 PM2.5 传感器实现对 PM2.5 的数据采集，并将结果展示到液晶显示屏上，供用户观察数据结果。而且系统是独立的外部供电，系统的稳定性也得到了保障。

2.4 应用展望

随着城市化和工业化的发展，城市大气污染现象十分普遍，在多数城市，可吸入颗粒物都是首要大气污染物。自 20 世纪 90 年代以来，欧美发达国家建立了较为完善的空气质量监测网络，并一直致力于城市空气质量模拟的研究与应用工作，相继建立了各自成功的应用模型系统，如丹麦的 OML 模型、芬兰的 MI 系统、欧盟的 TRACT 系统等。相关检测数据表明我国目前已成为世界 PM2.5 污染最严重的地区，自 2012 年以来京津冀地区频繁雾霾的现象使 PM2.5 污染得到了更广泛的关注。然而，与其他国家相比，我国对于 PM2.5 的检测起步较晚，检测设备和检测方法仍有争议。

2012 年 2 月，新修订的《环境空气质量标准》中，我国首次制定 PM2.5 国家环境质量标准，要求 2012 年开始在京津冀、长三角、珠三角等重点区域以及直辖市和省会城市开展细颗粒物与臭氧等项目监测。直到 2013 年已在 113 个环境保护重点城市和国家环境保护模范城市开展监测。随着我国 PM2.5 国家标准的颁布，PM2.5 的科学检测对了解和评价环境空气质量显得尤为重要。由于 PM2.5 的组成复杂多变、各种检测技术原理及特点各异，PM2.5 的准确检测及其方法的规范化成为环境空气质量管理的基础和关键。

本项目介绍了一种 PM2.5 的主要检测及展示方法，为区域 PM2.5 的检测提供一定的参考，同时为人们对区域环境质量评价提供可视化的方法支持。该方法可在室内空气质量监测、工业空气环境监测、校园环境监测、智能家居、智能建筑等诸多方面进行实践与应用。

第 3 章　智能车锁系统

本章导读

本章为利用 GPS 定位模块实现智能车锁的实时报警及追踪功能, 车锁启动后能通过 Wi-Fi 通信与手机软件相连, 无需钥匙, 手机即可开启或关闭车锁, 同时车锁可在一定情况下向智能设备发送位置信息。本项目利用单片机控制舵机实现车锁闭合开启, 同时接收振动传感器数据判断个人车辆是否处于振动状态 (即被盗) 并由单片机作出报警判断。在本章中将会学习如何使用单片机 (Arduino UNO) 控制舵机的转动、如何利用 Wi-Fi 通信模块与智能设备进行通信传输数据, 以及对 GPS 定位模块的简单数据解析。

本章我们将学习以下内容:
- 利用单片机控制舵机转动
- GPS 模块的使用方法
- Wi-Fi 通信模块的使用方法

3.1　项目简介

近年来, 交通拥堵问题和环境污染问题日益突出, 作为绿色交通工具的自行车逐渐成为现代生活中不可缺少的代步工具。全世界自行车使用量不断加大, 偷车随之频繁发生。因此, 防盗报警, 尤其是车锁的防盗功能至关重要。传统的机械锁由于构造简单、功能单一, 安全性很低; 而电子锁克服了机械锁安全性能差的缺点, 保密性高, 使用灵活性好。与此同时, 通信技术的快速发展, 基于手机的远程控制技术得以广泛应用, 这为自行车防盗提供了契机。

由于自行车不自带电源, 且应用环境复杂, 故智能车锁系统使用低功耗、抗干扰能力强、处理速度较快的 Arduino UNO 单片机作为主控器。利用 9V 电池经稳压模块稳定输出 SV 电压为系统供电。为降低系统功耗、提高系统的灵敏度, 智能车锁系统采用振动传感器对车体状态进行采样。传感器将采样信号转化成电压信号, 该信号经 AD0804 转化成数字信号传递给单片机, 即可完成系统对车体实时状况的数据采集。智能车锁系统设置了 2 个独立按键分别实现车锁的开锁功能和关锁防盗功能, 并且添加了 4 个 LED 灯对车锁工作状态进行提示。该车锁使用舵机进行模拟, 舵机具备扭力大、控制简单、易安装等特点, 故该设计中使用舵机作为车锁的执行机构, 系统可通过控制舵机实现车体上锁和解锁。本项目为自行车防盗的远程无线网络化发展提供了良好的应用基础, 同时也实现了汽车防盗的实时性和可靠性。

3.2　项目设计

3.2.1　运行流程

本系统选择舵机作为系统的执行模块, 舵机转动的角度是通过调节 PWM (脉冲宽度调制)

信号的占空比来实现的，标准 PWM 信号的周期固定为 20ms（50Hz），理论上脉宽分布应在 1ms～2ms 之间，但是，事实上脉宽可分布在 0.5ms～2.5ms 之间，脉宽和舵机的转角 0°～180° 相对应，由舵机的旋转角度可控制手工锁具的开合。

常用的振动传感器有常闭型振动传感器和常开型振动传感器。常开型振动传感器电路一直是断开的，只有当检测到振动信号时电路才会接通，而常闭型振动传感器则与之相反，其电路一直是接通的，检测到振动信号时电路则断开。本实验选择常闭型振动传感器作为振动信号检测工具，微小的振动均会触发振动传感器，传感器接收到振动情况并把其传给单片机处理。

GPS 模块选用 UBLOX NEO-6M GPS 模块，其增加放大电路，有利于无源陶瓷天线快速搜索；另自带 SMA 接口，可以连接各种有源天线，适应能力强。单片机处理振动信号并判断后，要求 GPS 模块获取地理位置信息并提交给单片机以作报警及检测使用。

最后，通信模块选用小制作常用的 ESP8266-01 版本，其具有体积小、成本低、驱动简单等优点；单片机接收到 GPS 传回的地理信息后，将所能用到的信息解析出来然后通过 Wi-Fi 通信上传给用户用于报警及监控。

3.2.2　系统功能流程

为解决当前自行车锁即便处于关闭状态，车主不能及时掌握其车的状态，仍有被盗的可能，以及自行车被盗后不能及时作出寻回措施等问题，本系统利用单片机结合 Wi-Fi 通信技术和传感器技术实现功能，系统功能流程图如图 3.1 所示。

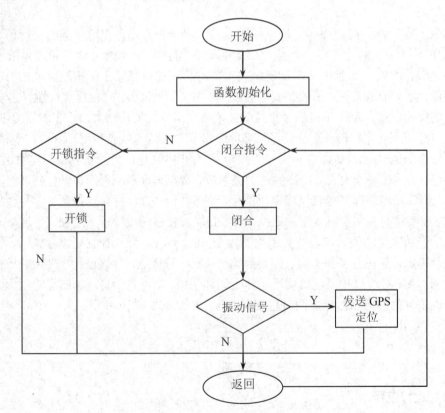

图 3.1　系统功能程序流程图

（1）通信设备控制车锁开锁和闭合状态。当自行车锁处于开锁状态时，车主可通过向车锁发送闭合命令控制车锁执行部件使其闭合，同样，也能让处于闭合状态的车锁一键开锁。

（2）当该智能自行车锁处于闭合状态时，车锁上的振动传感器通过对车体振动与否状态采样的数据处理分析检测出自行车是否遭到非法移动，若为非法移动，则向车主手机发送报警信息，实现紧急防盗，并且同时循环发送自行车位置信息，车主可实时获取自行车所处地理位置。

3.3　项目开发

3.3.1　系统硬件环境及说明

本系统以振动传感器模块和 GPS 定位模块感知外界信号，使系统的检测部分稳定、准确。其中，振动传感器模块用于检测自行车是否处于振动状态，并且将振动信号转化为数字信号，然后将数字信号传送至单片机，单片机通过 Wi-Fi 通信模块发送报警信号以及 GPS 模块不间断地扫描地理位置信息给客户端手机。锁头则以伺服器作为单片机信号输出的执行元件，控制过程简单，动作容易实现。Arduino UNO 单片机作为主控元件，简单实用，降低了硬件的复杂性。并且应用了手机控制，较大地提升了本系统的方便性。

1．Arduino UNO 单片机

Arduino UNO 单片机是 Arduino USB 接口系列的最新版本，如图 3.2 所示，作为 Arduino 平台的参考标准模板。UNO 集成了中央处理单元 CPU、随机存储器 RAM、存储器 ROM（程序存储）、输入/输出设备 I/O 和模拟量/数字量双向转换（A/D||D/A），其处理器核心是 ATmega328，同时具有 14 路数字输入/输出口（其中 6 路可作为 PWM 输出）、6 路模拟输入、一个 16MHz 晶体振荡器、一个 USB 口、一个电源插座、一个 ICSP header 和一个复位按钮。

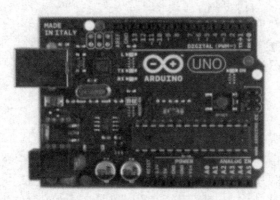

图 3.2　Arduino UNO 单片机

注意事项：

（1）Arduino UNO 上 USB 口附近有一个可重置的保险丝，对电路起到保护作用。当电流超过 500mA 时会断开 USB 连接。

（2）Arduino UNO 提供了自动复位设计，可以通过主机复位。这样通过 Arduino 软件下载程序到 UNO 中软件可以自动复位，不需要再按复位按钮。在印制板上丝印"RESET EN"

处可以使能和禁止该功能。

2．ESP8266-01Wi-Fi 模块

ESP8266-01Wi-Fi 通信模块支持 AP（路由器）模式，STA（端点）模式、AP+STA 模式三种工作模式，如图 3.3 所示。

（1）AP 模式：ESP8266 模块作为热点，实现手机或计算机直接与模块通信，实现局域网无线控制。

（2）STA 模式：ESP8266 模块通过路由器连接互联网，手机或计算机通过互联网实现对设备的远程控制。

（3）AP+STA 模式：两种模式的共存模式，即可以通过互联网控制实现无缝切换，方便操作。

三种模式可软件切换，复位后新模式有效，供电电压 3～3.6V，峰值输出功率 20DBM，峰值电流 240mA。模块分 AT 指令执行方式和全 I/O 引出方式。

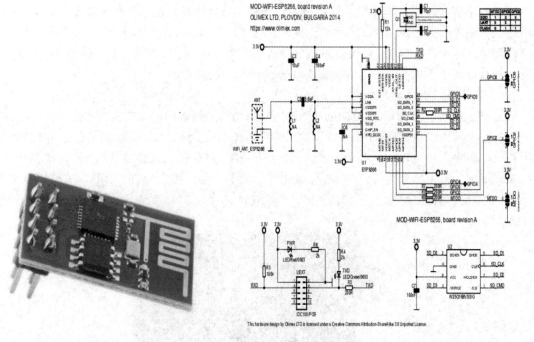

图 3.3　ESP8266-01Wi-Fi 模块及其原理图

3．常闭型振动传感器模块

常闭型振动传感器平时任何角度开关都是接通状态，受到振动或移动时，开关内导通电流的滚轴会产生移动或振动，从而导致通过的电流断开或电阻阻值的升高而触发电路，如图 3.4 所示。

4．UBLOX NEO-6M GPS 模块

如图 3.5 所示，UBLOX NEO-6M GPS 模块自带无源陶瓷天线，另带 SMA 接口，可自主选择接外接天线，兼容 3.3V/5V 电平；PPS 引脚同时连接到了模块自带的状态指示灯（常亮表示模块已开始工作，但还未实现定位；闪烁表示模块已经定位成功）。

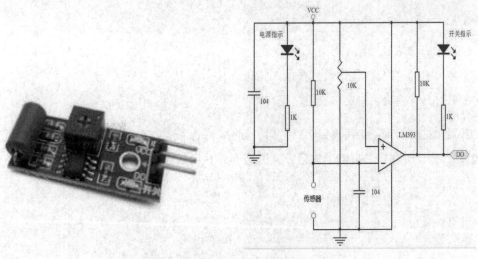

图 3.4　振动传感器及其原理图

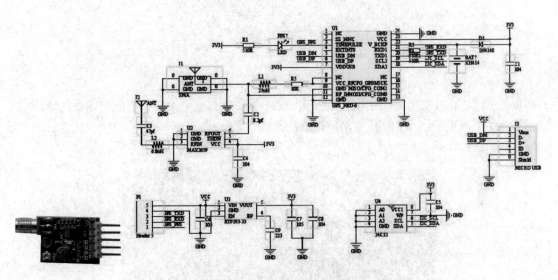

图 3.5　GPS 模块及其原理图

5. 舵机

由接收机或单片机发出信号给舵机，其内部有一个基准电路，产生周期为 20ms 宽度为 1.5ms 的基准信号，将获得的直流偏置电压与电位器的电压比较，获得电压差输出（通过旋转角度控制车锁开合），如图 3.6 所示。

图 3.6　舵机

3.3.2 系统软件环境

操作系统：Windows7/8/10

嵌入式程序的编译软件及环境：Arduino

3.3.3 系统制作步骤

步骤一：由于所接引脚较多，因此要借助一块面包板（如图3.7所示）来分用接口（其中面包板红线一列为共用高电平接口，蓝色一列为共用低电平接口，中间每行分两组，每组五接口共用）。

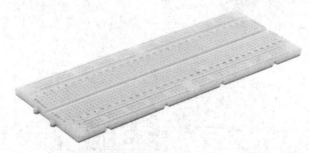

图3.7 面包板

步骤二：首先从UNO上的电压3.3V和5.0V引脚各引出一根线作为所有模块的电源接入面包板的两个高电平接口列；从GND引脚引出一根线作为所有模块的接地接入任意低电平接口列，如图3.8所示。

图3.8 面包板引线图

步骤三：连接振动传感器模块，VCC与GND引脚分别接入面包板上的5V高电平列和低电平列，DO引脚接在任意一个模拟输入引脚上，这里把DO接在模拟引脚A5上，如图3.9所示。

步骤四：连接Wi-Fi通信模块，Wi-Fi通信模块的引脚构成如图3.10所示。

图 3.9　振动传感器接线图

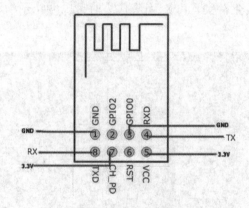

图 3.10　Wi-Fi 模块引脚构成图

其中 VCC 与 GND 同上，值得一提的是 Wi-Fi 通信模块的 VCC 需要接的是 3.3V 电压。另外需要用到的是 UTXD、URXD 和 CH_PD 三个引脚，CH_PD 接上拉电阻再接高电平，UTXD 和 URXD 分别接 RXD 和 TXD。由于 UNO 板上仅有一对 TXD 和 RXD，可以自定义软串口，这里定义了 10 号和 11 号数字输出引脚分别为软串口的 RXD 和 TXD，如图 3.11 所示。

图 3.11　Wi-Fi 模块接线图

步骤五：GPS 模块接线，GPS 模块的引脚构成由 VCC、GND、TXD、RXD 和 PPS 五个引脚构成，如图 3.12 所示。

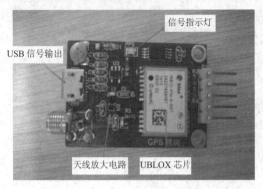 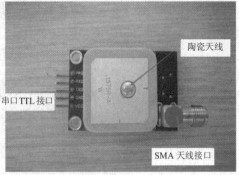

图 3.12　GPS 模块结构图

　　由于 GPS 模块主要用于传递 GPS 定位信息，因此只需要接 TXD 引脚用于信息传送，与 UNO 上的 RXD 口相连。需要注意的是，在往 UNO 板上加载程序时，切记断开 GPS 的 TXD 引脚，二者同时传输会发生冲突，PPS 引脚作为时钟脉冲指示引脚，无需接线，如图 3.13 所示。

图 3.13　GPS 模块接线图

　　由于 GPS 模块自带的无源陶瓷天线灵活度不够，建议接有源 SMA 外接天线。
　　步骤六：舵机的接线，如图 3.14 所示，舵机的接线与振动传感器类似，同样只有 VCC、GND、DO 三个引脚，这里定义数字输出 9 号引脚为发送控制舵机指令的引脚，接 DO 引脚。

图 3.14　舵机接线图

手工制作锁头如图 3.15 所示。

图 3.15　手工制作锁头

3.3.4　软件设计开发

1. 功能说明

嵌入式软件设计主要由几部分组成,其中包括 Wi-Fi 初始化 AT 指令子程序、GPS 不间断扫描数据解码子程序、PWM 脉冲调制程序、舵机控制程序和传感器信号检测程序等。

2. 关键代码

(1)舵机操控锁头代码。

1)舵机转动的角度是通过调节 PWM 信号的占空比来实现的。

```
1    void servopulse(int servopin,int myangle)    /*脉冲函数,模拟方式产生 PWM 值*/
2    {
3      pulsewidth=(myangle*11)+500;              //将角度转化为 500～2480 的脉宽值
4      digitalWrite(servopin,HIGH);              //将舵机接口电平置高
5      delayMicroseconds(pulsewidth);            //延时脉宽值的微秒数
6      digitalWrite(servopin,LOW);               //将舵机接口电平置低
7      delay(20-pulsewidth/1000);                //延时周期内剩余时间
8    }
```

PWM 就是对逆变电路开关器件的通断进行控制,使输出端得到一系列幅值相等的脉冲,用这些脉冲来代替正弦波或所需要的波形。也就是在输出波形的半个周期中产生多个脉冲,使各脉冲的等值电压为正弦波形,所获得的输出平滑且低次谐波少。按一定的规则对各脉冲的宽度进行调制,既可改变逆变电路输出电压的大小,也可改变输出频率。在 PWM 波形中,各脉冲的幅值是相等的,要改变等效输出正弦波的幅值时,只要按同一比例系数改变各脉冲的宽度即可,因此在交-直-交变频器中,PWM 逆变电路输出的脉冲电压就是直流侧电压的幅值。

2)通过 PWM 信号的占空比来控制锁头。

```
1    void     controlLock(inti){               //车锁控制
2      i=i-'0';                                 //将 ASCII 码转换成数值
3      i=i*(180/9);                             //将数字转化为角度
4      Serial.print("moving servo to ");
5      Serial.print(i,DEC);
```

```
6              //Serial.println();
7         for(int j=0;j<=50;j++)              //产生 PWM 个数，等效延时以保证能转到响应角度
8         {
9              servopulse(servopin,i);        //模拟产生 PWM
10        }
11   }
```

（2）检测振动并发送位置信息。

```
1    val = analogRead(switchpin);
2.   if(val1=='1'){
3.   if(val>512)
4.   {
5.   for (unsigned long start = millis(); millis() - start < 1000;)   //一秒钟扫描 GPS 信息
6.   {
7.      while (Serial.available())                              //串口获取到数据开始解析
8.      {
9.        char c = Serial.read();                               //读取一个字节获取的数据
10.
11.       switch(c)                                             //判断该字节的值
12.       {
13.       case '$':                                             //若是$，则说明是一帧数据的开始
14.          Serial.readBytesUntil('*', nmeaSentence, 67);      //读取接下来的数据，存放在 nmeaSentence
15.                                                             //字符数组中，最大存放 67 个字节
16.          latitude = parseGprmcLat(nmeaSentence);            //获取纬度值
17.          longitude = parseGprmcLon(nmeaSentence);           //获取经度值
18.          gpsTime = parseGprmcTime(nmeaSentence);            //获取 GPS 时间
19.
```

（3）GPS 回传信息的解析。

此 GPS 采用的是 NEMA-0138 协议，其采用 ASCII 码来传递 GPS 定位信息，我们称之为帧。帧格式形如$aaccc,ddd,ddd,...,ddd*hh(CR)(LF)，因此，我们需要对其进行解析，如图 3.16 所示。

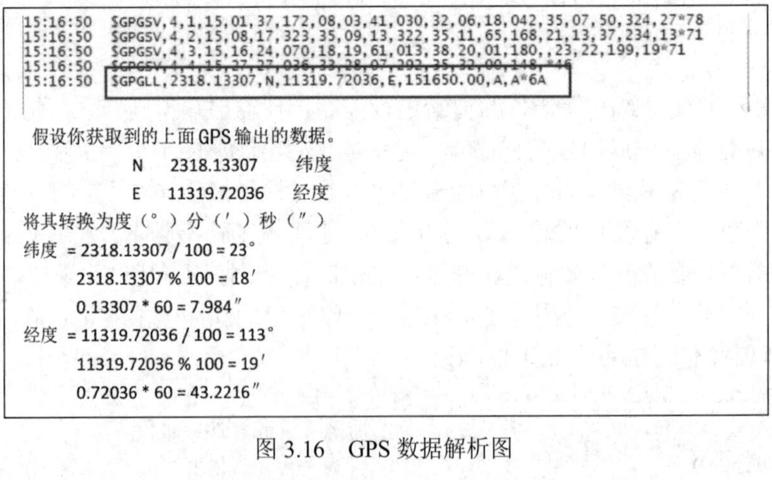

图 3.16　GPS 数据解析图

1）获取纬度，由于 GPS 定位模块所传回的信息为一系列字符串，包含大量卫星信息，所以要对其进行分解解析以得到对本系统有用的信息。

```
1      String parseGprmcLat(String s)              //数据解析：获得纬度
2      {
3        int pLoc = 0;
4        int lEndLoc = 0;
5        int dEndLoc = 0;
6        String lat;
7        if(s.substring(0,4) == "GPRM")
8        {
9          //Serial.println(s);
10         for(int i = 0; i < 5; i++)
11         {
12           if(i < 3)
13           {
14             pLoc = s.indexOf(',', pLoc+1);
15           }
16           if(i == 3)
17           {
18             lEndLoc = s.indexOf(',', pLoc+1);
19             lat = s.substring(pLoc+1, lEndLoc);
20           }
21           else
22           {
23             dEndLoc = s.indexOf(',', lEndLoc+1);
24             lat = lat + " " + s.substring(lEndLoc+1, dEndLoc);
25           }
26         }
27         return lat;
28       }
29     }
```

2）经度和时间的解析方式与纬度的解析方式类似，另外 GPS 所提供的时间为本初子午时间（UTC 时间），需要转换为北京时间。

（4）Wi-Fi 模块初始化 AT 指令。

全新的 Wi-Fi 通信模块（ESP8266-01）一般已经烧录好固件，通常烧录的固件为 AT 固件，所以当想要连接 Wi-Fi 时需要手动输入 AT 指令，如表 3.1 所示是常用的 AT 指令集。

表 3.1　基础 AT 指令表

指令	指令意义
AT+GMR	查看版本号
AT+RST	重启
AT+CWMODE=?	设置工作模式（?：1-Station 模式，2-AP 模式，3-AP+Station 模式）
AT+CWLIF	查看接入的客户端 IP
AT+CIFSR	获取本模块 IP
AT+CIPSTART="TCP","ip",9800	连接服务器

续表

指令	指令意义
AT+CIPMODE=?	设置模块传输模式（？：0-非透传模式，1-透传模式）
AT+CIPMUX=?	？：0-单路连接模式，1-多路连接模式
AT+CIPSEND	向某个连接发送数据

代码上传完成后打开串口监视器，当监视器上传回初始码文后（可能为乱码），输入
AT+RST 命令重启，查看模块是否运行正常，当有 OK 传回时再输入 AT+CIFSR 命令，查看模
块的 IP 地址。然后输入 AT+CWMODE=?命令，查看当前模块启用的模式，如果模式不是 3，
可使用命令 AT+CWMODE=3 将模式设置为 3。使用命令 AT+CIPMUX=?查看当前连接模式，
如果为 0，请使用 AT+CIPSTART="TCP","IP（模块 IP 地址）",0000（端口号）连接服务器；
如果为 1，则使用 AT+CIPSTART=2,"TCP","IP（模块 IP 地址）",0000（端口号）连接服务器。
连接成功后，串口数据接收会显示"Linked"字样，下面我们使用命令 AT+CIPSEND 向客户
端发送字符，命令输入后会显示>符号，这时我们输入要发送的内容，可看到服务器端会显示
接收到的内容，至此则为连接成功。

3.3.5　项目结果

下面给出系统运行调试效果图。这里借用有人网络助手作为移动设备端控制软件，手机
连接 ESP8266 的 Wi-Fi 后，有人网络助手通过 IP 地址和端口号激活链接，然后向系统发送开
锁指令，UNO 收到指令后控制舵机转动开锁，如图 3.17 所示。

然后手机端发送关锁指令，系统作出关锁动作，如图 3.18 所示。

图 3.17　开锁效果图

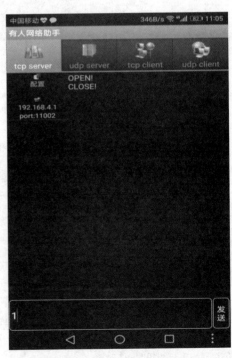

图 3.18　关锁效果图

　　当车锁处于关闭状态时，轻微的振动则会触发振动传感器的监控机制，振动传感器把振动信号转换为电信号交与 UNO 处理，UNO 则把 GPS 定位信息通过 Wi-Fi 传送给手机端作为报警机制和实时监控，如图 3.19 所示。

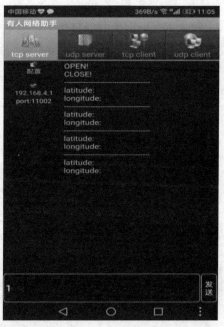

图 3.19　振动报警及定位图

3.4　应用展望

　　当前自行车出行已不仅是一种低碳环保健康的出行方式，还是解决出行"最后一公里"难题的有效途径。随着共享单车的推广与普及，日益火热的共享单车大战正进行得如火如荼，而智能车锁作为共享单车的组成之一，也是最重要的组成部分，必然是影响共享单车市场推广的重要因素。一个好的智能车锁能够有效地解决共享单车所面临的种种问题，比如 ofo 的解锁密码固定漏洞，又或者是无通信监测问题。智能车锁解决方案是当前共享单车企业所面临的最重要的技术问题，也是提高各公司核心竞争力的因素之一。本案例所提出的智能车锁系统可以作为共享单车智能车锁解决方案的一种雏形，稍加深入开发便可作为具体解决方案实际应用和推广，如图 3.20 所示。

图 3.20　共享单车与手机应用

　　另外，由于共享单车对市场的冲击，低端自行车行业显现出越来越疲软的市场活跃力，这种冲击对低端自行车产业是致命性的也是不可逆转的，传统自行车公司可以以现有产业链为跳板，借助智能车锁进军共享单车市场，实现一体化的产业链。

　　虽然低端自行车产业受到共享单车的冲击，但这种冲击对中高端自行车产业的影响却不是很大。显而易见，中高端自行车主仍旧需要一款能够很好地保护他们自行车的车锁，而本方案所提出的智能车锁则能够迎合这种需求。现在市场上常见的锁有 U 型锁、折叠锁、电缆锁、螺旋锁，这些锁无法兼具安全性和易用性，本方案开发一种智能车锁，能够和车主的移动终端进行通信，让车主在离开自行车后仍能实时掌控自行车的位置信息。通过本方案可以实现安全便捷的车锁，既保证了自行车存放的安全性，又简化了操作复杂度，从而符合不同环境的使用要求。

第 4 章　智能避障小车

本章导读

智能避障小车利用超声波传感器实现小车的自动避障功能，小车启动后能沿道路行驶，遇到障碍物时能自动避开障碍物并改变行驶方向。系统利用单片机控制电机实现小车行驶转向，同时接收超声波传感器数据判断前方障碍物并由单片机作出转向判断。本章我们会学到如何使用单片机（Arduino-UNO）控制电机（TT 马达）的转动，以及如何利用超声波传感器获取障碍物的距离并交由单片机处理信息作出判断。

本章知识点主要有以下内容：

- 利用单片机控制电机转动
- 超声波传感器的使用方法

4.1　项目简介

4.1.1　背景介绍

自第一台工业机器人诞生以来，机器人的发展已经遍及机械、电子、冶金、交通、宇航、国防等领域。近年来，机器人的智能水平不断提高，并且迅速地改变着人们的生活方式。智能车辆作为移动机器人的一个重要分支也得到越来越多的关注。智能小车，可以看成一种多轮驱动的智能机器人，集环境感知、规划决策、自动行驶等功能于一体，综合运用了计算机、传感、信息、通信、导航及自动控制等技术，是典型的高新技术综合体。具有体积较小、重心较低、运动灵活、操控简单等优点。自动避障技术是研究智能小车的核心内容，自动避障技术能够保证智能小车在行驶过程中自动调整运动的方向，防止与障碍物发生碰撞。

为实现自动避障功能，需要使用传感器感知障碍物，实现智能识别路线，并作出判断，然后执行相应的动作，从而选择正确的行进路线。智能小车设计与开发涉及控制、模式识别、传感技术、汽车电子电气、计算机和机械等多个学科。其硬件模块可以分为三大部分：传感器检测部分、执行部分和 CPU 部分。本项目利用购置的零件进行智能小车的搭建，利用超声波传感器实现自动避障功能，设计避障策略并利用 Arduino 开发板加以实现。

本项目利用单片机控制电机实现小车行驶转向，同时接收超声波传感器数据判断前方障碍物并由单片机作出转向判断。智能小车将对我们的研究和生活发挥重要的作用，在车辆的自动驾驶、飞船的自动航行及深海自动探测等领域具有重要的推广价值。

4.1.2　超声波定位技术

1. 超声波简介

人们可以听到的声音的频率为 20Hz～2kHz，也就是可闻声波。超出此频率范围的声音，

20Hz 以下的声音称为次声波，20kHz 以上的声音称为超声波，一般说话的频率范围是 10Hz～8kHz。超声波方向性好、穿透能力强，易于获得较集中的声能，在水中传播距离远，超声波因其频率下限大约等于人的听觉上限而得名，如图 4.1 所示。

图 4.1　超声波频率分布

超声波可以在气体、液体及固体中传播，其传播速度不同。超声波在介质中传播的波形取决于介质可以承受何种作用力以及如何对介质激发超声波。通常有如下三种：

（1）纵波波型。

当介质中质点的振动方向与超声波的传播方向一致时，此超声波为纵波波型。任何固体介质当其体积发生交替变化时均能产生纵波。在工业中应用主要采用纵向振荡。

（2）横波波型。

当介质中质点的振动方向与超声波的传播方向垂直时，此种超声波为横波波型。由于固体介质除了能承受体积变形外，还能承受切变变形，因此，当其有剪切力交替作用于固体介质时均能产生横波。横波只能在固体介质中传播。

（3）表面波波型。

是沿着固体表面传播的具有纵波和横波的双重性质的波。表面波可以看成是由平行于表面的纵波和垂直于表面的横波合成，振动质点的轨迹为一椭圆，在距表面 1/4 波长深处振幅最强，随着深度的增加很快衰减，实际上离表面一个波长以上的地方，质点振动的振幅已经很微弱了。

另外，超声波也有折射和反射现象，并且在传播过程中有衰减。在空气中传播超声波，其频率较低，一般为几十千赫，而在固体、液体中则频率可用得较高。在空气中衰减较快，而在液体和固体中传播，衰减较小，传播较远。

4.1.3　超声波定位方法

能够产生超声波的方法很多，常用的有压电效应方法、磁致伸缩效应方法、静电效应方法和电磁效应方法等。当给压电晶片两极施加一个电压短脉冲时，由于逆压电效应，晶片将发生弹性形变而产生弹性振荡。振荡频率与晶片的厚度和声速有关，适当选择晶片的厚度可以得到超声频率范围的弹性波，即超声波。此种方式发射出的是一个超声波波包，通常称为脉冲波。超声波在空气中的传播距离一般只有几十米。短距离的超声波测距系统已经在实际中有所应用，测距精度为厘米级。主要的超声波定位方法有以下 4 种：

（1）在待定位物体上加装超声波发射器，物体周围装有若干超声波接收器，通过计算发射器与每个接收器之间的距离进行定位。

（2）与第一种相似，不同的是待定位物体上装的是超声波接收器，物体周围装的是发射器，通过计算接收器与每个发射器之间的距离进行定位。

这两种定位方法计算简单，定位准确，但需要在物体上加装发射器或接收器，不能对普通物体定位。

（3）在待定位物体四周加装多对小发射角的超声波探头，通过测量对各方向外界物体的距离来确定自身位置。这种方法同样不能对普通物体进行定位，并且外界环境须为已知。

（4）模仿蝙蝠的定位原理，使用 1 个超声波发射器、2 个超声波接收器，由物体反射波到达 2 个接收器所用的时间进行定位。该方法可以对普通物体进行定位，但容易受到干扰，当探测范围内有多个物体时，定位结果将不准确。

4.1.4　超声波传感器简介

超声波是一种机械波，当超声波在介质中传播时，会导致传播介质的运动。利用超声波的特性，可做成各种超声传感器（如图 4.2 所示），配上不同的电路，制成各种超声测量仪器及装置，可用于测距、测速、清洗、焊接、碎石、杀菌消毒等，并在通信、医疗、家电、军事、工业、农业等各方面得到广泛应用。

图 4.2　超声波传感器

超声波传感器是利用超声波的特性研制而成的传感器。超声波是一种振动频率高于声波的机械波，由换能晶片在电压的激励下发生振动产生的，它具有频率高、波长短、绕射现象小，特别是方向性好、能够成为射线而定向传播等特点。超声波对液体、固体的穿透本领很大，尤其是在不透明的固体中，它可穿透几十米的深度。超声波碰到杂质或分界面会产生显著反射形成回波，碰到活动物体能产生多普勒效应。因此，超声波检测广泛应用在工业、国防、生物医学等方面。以超声波作为检测手段，必须产生超声波和接收超声波，完成这种功能的装置就是超声波传感器，习惯上称为超声换能器或者超声探头。

超声波传感器主要由压电双晶片振子、圆锥共振板和电极等部分构成。两电极间加上一定的电压时压电晶片就会被压缩产生机械形变，撤去电压后压电晶片恢复原状。若在两极间按照一定的频率加上电压，则压电晶片也会保持一定的频率振动。经试验测得此型号压电晶片的固有频率为 38.4kHz，则在两极外加频率为 40kHz 的方波脉冲信号，此时压电晶片产生共振，向外发射出超声波。同理，没有外加脉冲信号的超声波传感器在共振板接收到超声波时也会产生共振，在两极间产生电信号。

超声波探头主要由压电晶片组成，既可以发射超声波，也可以接收超声波。小功率超声波探头多作探测使用。它有许多不同的结构，可分直探头（纵波）、斜探头（横波）、表面波探头（表面波）、兰姆波探头（兰姆波）、双探头（一个探头反射、一个探头接收）等。

超声波探头的核心是其塑料外套或者金属外套中的一块压电晶片。构成晶片的材料可以有许多种。晶片的大小，如直径和厚度也各不相同，因此每个探头的性能是不同的，我们使用前必须预先了解它的性能。超声波传感器的主要性能指标包括：

（1）工作频率。工作频率就是压电晶片的共振频率。当加到它两端的交流电压的频率和晶片的共振频率相等时，输出的能量最大，灵敏度也最高。

（2）工作温度。由于压电材料的居里点一般比较高，特别是诊断用超声波探头使用功率较小，所以工作温度比较低，可以长时间工作而不产生失效。医疗用的超声波探头的温度比较高，需要单独的制冷设备。

（3）灵敏度。主要取决于制造晶片本身。机电耦合系数大，灵敏度高；反之，灵敏度低。

4.1.5 超声波测距方法

超声波测距系统主要应用于汽车的倒车雷达、机器人自动避障行走、建筑施工工地以及一些工业现场（如液位、井深、管道长度等场合）。目前有两种常用的超声波测距方案：一种是反射式测距法，一种是单向测距法。

1. 反射式测距法

反射式测距法又称时间差测距法，是利用嵌入式设备编程产生频率为 40kHz 的方波，经过发射驱动电路放大，使超声波传感器发射端振荡，发射超声波。超声波经反射物反射回来，由传感器接收端接收，再经过接收电路放大、整形，如图 4.3 所示。以嵌入式微核心的超声波测距系统通过嵌入式设备记录超声波发射的时间和反射波的时间。当收到超声波的反射波时，接收电路输出端产生一个跳变。通过定时器计数并计算时间差，就可以计算出相应的距离。

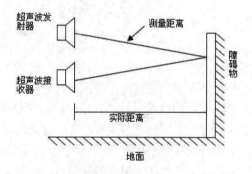

图 4.3　超声波测距原理

超声波测距的原理是利用超声波在空气中的传播速度为已知，测量声波在发射后遇到障碍物反射回来的时间，根据发射和接收的时间差计算出发射点到障碍物的实际距离。首先，超声波发射器向某一方向发射超声波，在发射时刻的同时开始计时，超声波在空气中传播，途中碰到障碍物就立即返回来，超声波接收器收到反射波就立即停止计时。超声波在空气中的传播速度为 C=340m/s，根据计时器记录的时间 T（s），就可以计算出发射点距障碍物的距离 L（m），即 L= C×T /2。

由于超声波易于定向发射、方向性好、强度易控制、与被测量物体不需要直接接触的优点，是倒车距离测量的理想选择。

2. 单向测距法

单向测距法中由应答器和主测距器组成，主测距器放置在被测物体上，在微机指令信号的作用下向位置固定的应答器发射同频率的无线电信号，应答器在收到无线电信号后同时向主测距器发射超声波信号，得到主测距器与各个应答器之间的距离。单向测距法可以实现两点测距，当同时有三个或三个以上不在同一直线上的应答器作出回应时，就可以计算出被测物体所在的位置。在相同的测量距离下，反射式测距法中空气对超声波吸收较单向测距法中大，因此反射式测距范围较单向式测距范围小。若已测得距离，根据算法便可得到待测物体的位置，实现定位。

超声波定位目前大多数采用反射式测距法。系统由一个主测距器和若干电子标签组成，主测距器可放置于移动机器人本体上，各个电子标签放置于室内空间的固定位置。定位过程是，先由上位机发送同频率的信号给各个电子标签，电子标签接收到后又反射传输给主测距器，从而可以确定各个电子标签到主测距器之间的距离，并得到定位坐标。

目前，比较流行的基于超声波室内定位的技术还有两种。一种为将超声波与射频技术结合进行定位。由于射频信号传输速率接近光速，远高于射频速率，那么可以利用射频信号先激活电子标签而后使其接收超声波信号，利用时间差的方法测距。这种技术成本低、功耗小、精度高。另一种为多超声波定位技术。该技术采用全局定位，可在移动机器人身上 4 个朝向安装 4 个超声波传感器，将待定位空间分区，由超声波传感器测距形成坐标，总体把握数据，抗干扰性强、精度高，而且可以解决机器人迷路问题。

4.2   项目设计

4.2.1   小车运行流程

智能避障小车核心为开发板，同时也是小车信息处理中心，相当于小车的大脑。程序运行时电池给整个系统供电，Arduino 控制 TT 马达的转动方向，超声波实时反馈障碍物距离信息。小车运行流程图如图 4.4 所示。程序开始运行，首先初始化 TT 马达和超声波传感器，给 TT 马达供电，小车开始前进，在前进过程中超声波循环将前方障碍物距离实时反馈给单片机，单片机根据距离判断是否需要转向。

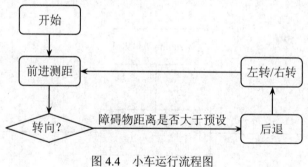

图 4.4   小车运行流程图

4.2.2   避障模式原理

根据设计要求及实际应用规则，小车需要在多种情况下避障，其避障模式就会有多种，需要根据不同的障碍情况进行不同的规避动作。常见的障碍类型有两种：一种是小车正面有障碍物，另一种是小车侧面有障碍物。以前者为例，当小车正面有障碍物时，单片机检测到前方障碍物与小车之间的距离小于设定距离，开始避障，此时单片机判断在小车左右方向障碍物离小车的距离分别为多大，然后根据两边距离大小选择与障碍物距离大的一边转向行驶。当检测到障碍物距离不再低于设定距离时，小车避障完毕恢复直线行驶。本章我们只进行正面障碍物的测量以及自动避让，简单运行流程如图 4.5 所示。如果读者有兴趣可根据例程自己进行更改。

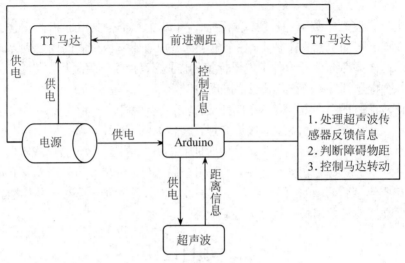

图 4.5 简易运行流程图

4.2.3 系统功能流程

  智能避障小车在没有遇到障碍物时，超声波实时反馈无障碍物信息，小车运行时会一直向前走，此时 TT 马达的转速和方向不会发生变化，当前进过程中遇到障碍物时，超声波传感器会立刻作出响应，实时地把前方障碍物到小车之间的距离反馈给 Arduino 处理器，开发板在接收到距离信息后将与预设距离进行比较，若障碍物与小车的距离小于预设则控制 TT 马达转速和转向，两个 TT 马达协调工作以达到小车转向的目的。转向一定时间后处理器再次控制 TT 马达转速和转向，使小车保持前行。系统功能流程如图 4.6 所示。

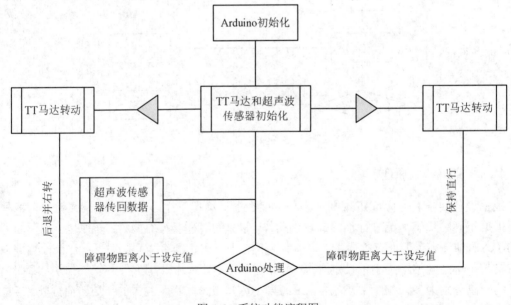

图 4.6 系统功能流程图

4.3 项目开发

4.3.1 准备材料

1. TT 马达

直流减速电机（如图 4.7 所示）是比较常见的微型减速电机，有能耗低、性能优越、节省空间、可靠耐用、承受过载能力高等特点，常应用于各种智能自移动设备。

2. 电机驱动模块

电机驱动模块（如图 4.8 所示）主要负责对电机的供电驱动以及转动方向的控制，同时还具有过载保护、稳压、正反转控制作用。

图 4.7 TT 马达

图 4.8 电机驱动模块

3. 车架

可拆装组合小车架（如图 4.9 所示），需要自带轮子和支架（支架用于固定开发板及连接线），各大电商平台均有销售。

4. 杜邦线

杜邦线（如图 4.10 所示）可用于实验板的引脚扩展、增加实验项目等。可以非常牢靠地与插针连接，无需焊接，可以快速进行电路实验。

图 4.9 车架

图 4.10 杜邦线

5. 超声波传感器（HC-SR04）

超声波传感器是将超声波信号转换成其他能量信号（通常是电信号）的传感器，如图 4.11 所示。它具有频率高、波长短、绕射现象小，特别是方向性好、能够成为射线而定向传播等特点。超声波传感器采用 I/O 口 TRIG 触发测距，给至少 10μs 的高电平信号。模块自动发送 8 个40kHz的方波，自动检测是否有信号返回，有信号返回，通过 I/O 口 Echo 输出一个高电平，高电平持续的时间就是超声波从发射到返回的时间。其中：

测试距离=(高电平时间*声速(340m/s))/2

模块使用方法简单，一个控制口发一个 10μs 以上的高电平，就可以在接收口等待高电平输出。一有输出就可以开定时器计时，当此口变为低电平时就可以读定时器的值，此值就为此次测距的时间，方可算出距离。如此不断地进行周期测，即可达到移动测量的值。

6. Arduino UNO 开发板

Arduino UNO 开发板是一款便捷灵活、方便上手的开源电子原型平台。Arduino 可以独立运行，并与软件进行交互，如图 4.12 所示。更多时候是使用如开关、超声波传感器、其他控制器件、LED、步进马达、其他输出装置等电子元件进行项目开发。

图 4.11　超声波传感器

图 4.12　Arduino 开发板

7. USB 接口数据线

USB 接口数据线（如图 4.13 所示）用于开发板与 PC 机通信以及编译，是上传下载用数据线。

8. 电池盒和电池

电池为整套系统提供电源，电池盒内置两节五号电池，如图 4.14 所示。

图 4.13　USB 接口数据线

图 4.14　电池固定盒

4.3.2　开发环境搭建

系统环境：Windows 7/8/10

编码软件：Arduino IDE

4.3.3　开发步骤

1. 安装车架固定马达及单片机布线

（1）固定车架、电源以及开发板，可以用双面胶、固体胶等。

（2）连接 TT 马达与电机驱动模块。

如图 4.15 所示，电机驱动模块附带两个电机接口，分别将 TT 马达与驱动模块的两个连接孔相接，下方输出口总共有六根线，其中四根为控制 TT 马达正反转的信号线，另外两根分别为 VBAT 供电线和 GND 地线。

图 4.15　电机驱动模块的六个引脚

（3）连接电机驱动模块和 Arduino 开发板。

如图 4.16 所示，用杜邦线分别将电机驱动模块的输出引脚的 VCC、GND 接到 Arduino 的 VBAT、GND 对应的引脚，接着将另外四个电机引脚接到开发板的 5(1A)、6(2A)、9(B1)、10(B2) 引脚上。

（4）连接 Arduino 与超声波传感器模块。

超声波传感器总共有四个引脚，分别为 VCC、GND、Echo、TRI，其中 VCC 为电源接到 Arduino 的 VCC 接口即可，GND 为地线，Echo 和 TRI 为两根信号线。

（5）连接 Arduino 开发板与电池接口。

将电池盒正极引出线与开发板的 VIN 口连接，负极与 GND 口连接。

2. Arduino 代码的编译环境及调试

（1）下载编译器 Arduino IDE。

软件名：Arduino IDE

版本号：1.8.2

官网地址：https://downloads.Arduino.cc/Arduino-1.8.2-windows.exe

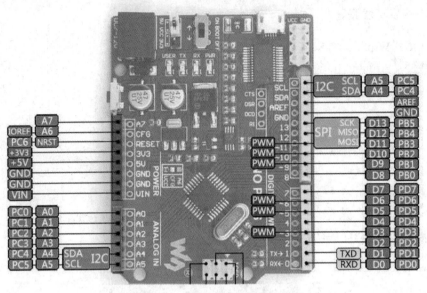

图 4.16　Arduino 开发板引脚示意图

（2）调试 PE 的编译环境。

将 USB 数据调试线连接到计算机，调试波特率。右击"我的电脑"，选择"属性"→"设备管理器"→"端口"，如图 4.17 所示。

在 Arduino Uno（COM5）上右击，在弹出的快捷菜单中选择"属性"，在弹出的 Arduino Uno（COM5）属性面板中选择"端口设置"标签，将"位/秒(B)"一栏设置为 115200，如图 4.18 所示。

图 4.17　Arduino 串口

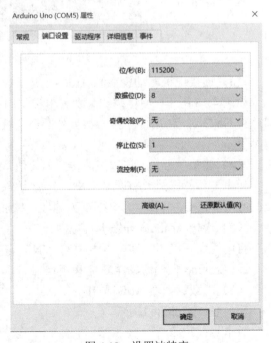

图 4.18　设置波特率

设置好以上选项，再打开编译器 Arduino IDE 选择开发板以及通信端口。

1）依次选择菜单"工具"→"开发板"→Arduino/Genuino Uno，如图 4.19 所示。

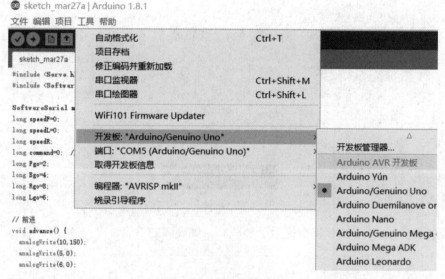

图 4.19　选择开发板版本

2）再依次选择菜单"工具"→"端口"，选择 Arduino 的 COM 口（本案例为 COM5），如图 4.20 所示。

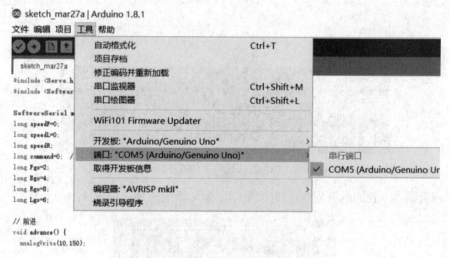

图 4.20　选择通信串口

（3）测试。

1）打开 Arduino IDE，选择菜单"文件"→"示例"→"01.Basics"→"Blink"，如图 4.21 所示。

2）弹出新的窗口，单击验证，按钮（如图 4.22 所示的第一个对号图标），该验证为判断用户的程序是否符合语法规范。无误后点击"上传"按钮（如图 4.22 所示的右指向箭头），将我们编写的程序上传到 Arduino 中运行。

图 4.21　示例代码

图 4.22　编译和上传

上传之后，Arduino IDE 将会提示上传成功，如图 4.23 所示。

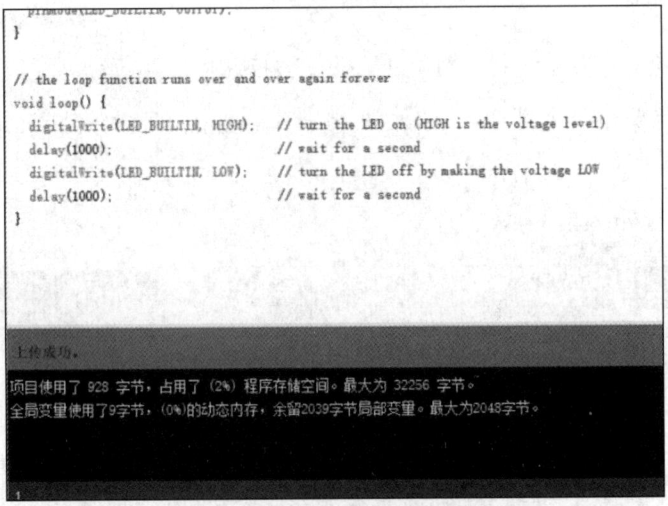

图 4.23　代码上传截图

此时将会看到 Arduino 开发板上的一个黄灯亮一秒灭一秒，如图 4.24 所示。

图 4.24　开发板运行示例

3．函数编码

编写程序控制小车避障及行驶（在编写主程序之前建议读者先掌握 C 语言程序设计）。

（1）控制一盏灯的开关。

在编译环境测试阶段已经看到了如何使用 Arduino 控制一盏灯的开关（尽管没有写一行代码），首先分析一下这段代码。

```
1    void setup() {
2        // initialize digital pin LED_BUILTIN as an output.
3        pinMode(LED_BUILTIN, OUTPUT);
4    }
5    // the loop function runs over and over again forever
6    void loop() {
7        digitalWrite(LED_BUILTIN, HIGH);        // 打开 LED（高电平是电压电平）
8        delay(1000);                            // 等待 1 秒钟
9        digitalWrite(LED_BUILTIN, LOW);         // 通过降低电压来关闭 LED
10       delay(1000);                            // 等待 1 秒钟
11   }
```

setup()函数是指在开发板运行程序之前进行的初始化操作。

pinMode(LED_BUILTIN, OUTPUT);

这行代码的意思是将某个灯的引脚设置为输出，LED_BUILTIN 是 Arduino 开发板上集成的一个 LED 灯的默认引脚号。

loop()函数是开发板在初始化 setup()函数调用之后一直循环的代码段，也就是说开发板会一直循环 loop()函数。

digitalWrite(LED_BUILTIN, HIGH);

delay(1000);

digitalWrite(LED_BUILTIN, LOW);

delay(1000);

这四行代码的第一行是将 LED_BUILTIN 引脚输出为高电平，即打开 LED 灯；Delay(long time)函数是延时函数，单位为毫秒，delay(1000)即延迟 1 秒。

（2）TT 马达的驱动及控制。

1）接线时将 TT 马达驱动模块分别接到了 Arduino 开发板的 5、6、9、10 引脚，首先测试正转与反转，初始化引脚输出。

```
1    void setup()
2    {
3        pinMode(10, OUTPUT);        //初始化引脚 10、5、6、9 为输出引脚
4        pinMode(5, OUTPUT);
5        pinMode(6, OUTPUT);
6        pinMode(9, OUTPUT);
7    }
```

2）编写一个控制小车前进的函数。

```
1    void advance() {
2        analogWrite(10,150);        //10 号引脚设为高电平
3        analogWrite(5,0);           //5 号引脚设为低电平
```

```
4      analogWrite(6,0);              //6 号引脚设为低电平
5      analogWrite(9,150);            //9 号引脚设为高电平
6   }
```

3）编写一个控制小车停止的函数。

```
1   void stopp() {
2      analogWrite(10,0);             //10 号引脚设为低电平
3      analogWrite(5,0);              //5 号引脚设为低电平
4      analogWrite(6,0);              //6 号引脚设为低电平
5      analogWrite(9,0);              //9 号引脚设为低电平
6   }
```

通过上面两个函数可以控制 TT 马达引脚的高低电平，这样两个 TT 马达就会转动并带着小车前进。

4）在 loop()函数中调用功能函数。

```
1   void loop() {
2      advance();                     //前进
3      delay(3000);                   //延迟 3 秒
4      stopp();                       //停止
5      delay(3000);                   //延迟 3 秒
6   }
```

编译，上传之后观察小车运行状态是否符合编码，小车整体外观如图 4.25 所示。

图 4.25 小车外形图

（3）超声波传感器的编码使用。

1）初始化引脚。

```
1   void setup()
2   {
3      digitalWrite( 7, LOW );        //7 号引脚设为低电平
4      digitalWrite( 8, LOW );        //8 号引脚设为低电平
```

```
5    Serial.begin(115200);            //初始化串口波特率为 115200
6    }
```

2）超声波传感器的数据读取。

```
1    Int    ardublockUltrasonicSensorCodeAutoGeneratedReturnCM(int trigPin, int echoPin)
2    {
3    long duration;
4    pinMode(trigPin, OUTPUT);         //trigPin 引脚设置为输出
5    pinMode(echoPin, INPUT);          //echoPin 引脚设置为输出
6    digitalWrite(trigPin, LOW);       //trigPin 引脚设置为低电平
7    delayMicroseconds(2);             //延迟 2 毫秒
8    digitalWrite(trigPin, HIGH);      //trigPin 引脚设置为高电平
9    delayMicroseconds(20);            //延迟 20 毫秒
10   digitalWrite(trigPin, LOW);       //trigPin 引脚设置为低电平
11   duration = pulseIn(echoPin, HIGH); //接收 echoPin 的输入信号
12   duration = duration / 59;         //换算单位为厘米
13   if ((duration < 2) || (duration > 300)) return false;
14   return duration;
15   }
```

3）Loop 函数。

```
1.   Int distance;
2.   void loop() {
3.     distance = ardublockUltrasonicSensorCodeAutoGeneratedReturnCM(7,8);
4.     Serial.println(distance);
5.     delay(3000);                    //延迟 3 秒
6.   }
```

4）点击编译，上传，如图 4.26 所示。打开串口可以看到超声波传感器传回的数据，如图 4.27 所示。

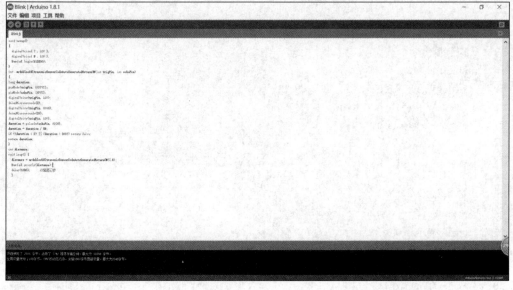

图 4.26　Arduino IDE

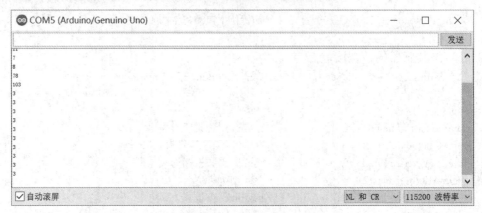

图 4.27　串口数据输出

组合以上函数来实现流程图中所示的功能。

```
1    #include <Servo.h>
2    #include <SoftwareSerial.h>
3    SoftwareSerial mySerial(8, 7);      // RX, TX 配置 10、11 为软串口
4    int servopin=3;
5    long speedF=0;
6    long speedL=0;
7    long speedR;
8    long directionn=0;    //状态：前进 2、后退 4、左转 6、右转 8、停止 0
9    long Fgo=2;
10   long Bgo=4;
11   long Rgo=8;
12   long Lgo=6;
13   //  前进函数
14   void advance() {...}
15   //  右转函数
16   void right() {...}
17   //  左转函数
18   void left() {
19      analogWrite(10,0);
20      analogWrite(5,0);
21      analogWrite(6,150);
22      analogWrite(9,0);
23      delay((c * 100));
24   }
25   //  停止函数
26   void stopp() {
27      analogWrite(10,0);
28      analogWrite(5,0);
29      analogWrite(6,0);
30      analogWrite(9,0);
31      delay((f * 60));
```

```
32    }
33    // 后退函数
34    void back() {
35        analogWrite(10,0);
36        analogWrite(5,100);
37        analogWrite(6,100);
38        analogWrite(9,0);
39        delay((g * 50));
40    }
41    //超声波测距函数
42    Int   ardublockUltrasonicSensorCodeAutoGeneratedReturnCM(int trigPin, int echoPin)
43    {...}
44    int changeOnce;
45    //串口、引脚初始化函数
46    void setup()
47    {
48        pinMode(10, OUTPUT);
49        pinMode(3, OUTPUT);
50        pinMode(5, OUTPUT);
51        pinMode(6, OUTPUT);
52        pinMode(9, OUTPUT);
53        digitalWrite( 7 , LOW );
54        digitalWrite( 8 , LOW );
55        changeOnce = 0;
56        // 打开串口通信    Serial.begin(115200);
57        while (!Serial) {
58            ; // 等待串口初始化完成
59        }
60        // 设置波特率
61        mySerial.begin(115200);
62    }
63    void loop()
64    {
65        if (mySerial.available){        //串口初始化
66            Serial.write(mySerial.read());
67            changeOnce = 1;
68        }
69        if(ardublockUltrasonicSensorCodeAutoGeneratedReturnCM(7,8)<15){
70    stopp();
71    delay(100);
72    back();
73    delay(2000);
74    right();
75    delay(2000);
76    adavance();
```

```
77    }
78      if (Serial.available()){
79        mySerial.write(Serial.read());
80      }
81    changeOnce = 0;
82    }
```

4.4　应用展望

1. 军事侦察与环境探测

现代战争对军事侦察提出了更高的要求，世界各国普遍重视对军事侦察的建设，采取各种有效措施预防敌方的突然袭击，并广泛应用先进科学技术，不断研制多用途的侦察器材和探测设备，在车上装备摄像机、安全激光测距仪、夜视装置和卫星全球定位仪等设备。如图4.28所示为军用机器车，通过光缆操纵，完成侦察和监视敌情、情报收集、目标搜索和自主巡逻等任务，进一步扩大侦察的范围，提高侦察的时效性和准确性。

图4.28　军用机器车

2. 探测危险与排除险情

在战场上或工程中，常常会遇到各种各样的意外。这时，智能化探测小车就会发挥很好的作用。战场上，可以使用智能车辆扫除路边炸弹，寻找和销毁地雷。民用方面，可以探测化学泄漏物质，可以进行地铁灭火，在强烈地震发生后到废墟中寻找被埋人员等。

3. 仓库运输与自动化

在销售业，可以对仓库物品自动运输，自动取出与存储，商品输入、输出信息化自动管理等，如图4.29所示。

图 4.29　亚马逊仓库机器人

4．智能家居

在家庭中，可以用智能小车运送家具、远程控制家中的家用电器、控制室温等。对这种小车的研究，将为未来环境探测提供技术上的有力支持，如图 4.30 所示。

图 4.30　ZMP 的智能机器车

第 5 章　基于 RFID 的公交卡系统

本章导读

本章内容为利用 RFID 实现公交卡系统的注册、充值、余额查询、刷卡消费、注销等功能，并将卡片信息通过简单的 UI 界面显示，将关键信息通过语音播放出来。

本章我们将学习以下内容：
- 了解 RFID 及阅读器的工作原理
- 了解 RFID 硬件连接方法及各阅读器的代码编写

5.1　项目简介

随着物联网技术、通信技术、信息技术等的交叉融合发展，各种磁卡、IC 卡得到广泛应用。其中，RFID 技术（即无线射频技术）作为构建"物联网"的关键技术近年来受到人们的关注。RFID 卡的应用也充斥着我们生活的各个方面，小到水卡、电卡、洗衣卡等，大到 ETC、门禁卡、仓储管理等，均用到了 RFID 卡。为了使大家更深入地理解 RFID 卡，这里给大家带来一个简单完整且有实际意义的项目，本项目是针对物联网 RFID 卡系统做的一个模拟，模拟了在物联网情境下公交卡系统的各项功能。通过理解项目设计与实现，读者可尝试自行制作 RFID 卡系统或学术性破解物联网的 RFID 系统。本项目主要模拟了公交卡系统的注册、充值、余额查询、刷卡消费、注销等功能，并将卡片信息通过简单的 UI 界面显示，将关键信息通过语音播放出来。

5.1.1　RFID 简介

RFID 是 Radio Frequency IDentification 的缩写，即射频识别。通常称为感应式电子晶片或感应卡、非接触卡、电子条码等。RFID 是一种非接触式的自动识别技术，可以通过射频信号自动识别目标对象并获取相关数据，识别过程无需人工操作且适用于各种恶劣环境。

近年来，RFID 技术被广泛应用于医疗卫生、物流运输、餐饮旅游、交通运输和商业贸易等各个领域。相对于早期的条码技术和磁条识别技术，RFID 技术最大的优点就是可以进行非接触识别，另外还具备无需人工干预、不易损坏和操作方便快捷等优点。

典型的 RFID 系统主要包括三个部分：读写器（Reader）、标签（Tag）和中间件（应用软件）。读写器由天线、射频收发模块和控制单元构成。其中，控制模块通常包含放大器、解码和纠错电路、微处理器、时钟电路、标准接口、电源电路等。标签一般包含天线、调制器、编码器、存储器等单元。国际标准委员会制定的电子产品代码 EPC 为每一个产品定义全球唯一的 ID，使每个标签对象携带有唯一的识别码。

RFID 技术的工作原理是标签进入磁场后，接收读写器发出的射频信号凭借感应电流所获得的能量发送出存储在芯片中的产品信息，或者由标签主动发送某一频率的信号，读写器读取信息并解码后送至中央信息系统，由应用软件进行有关数据处理。

5.1.2　RFID 系统的组成

一套完整的 RFID 系统由标签、读写器、中间件（应用软件）三部分组成，如图 5.1 所示。

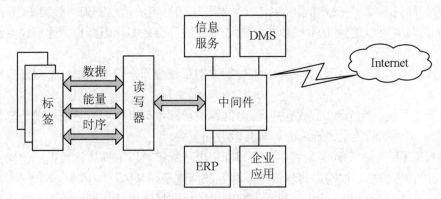

图 5.1　RFID 系统组成

基本工作原理是先由读写器发射一特定频率的射频信号，当电子标签进入磁场内，接收到读写器发射的无线电波，凭借所获得的能量将芯片中的数据发送出去，读写器依时序对接收到的数据进行解调和解码，并送给应用程序进行相应的处理。工作流程如下：

（1）读写器通过发射天线向外发射无线电载波信号。

（2）当电子标签进入发射天线所覆盖的区域时，就会获得读写器发送的无线电波能量，凭借能量标签将自身的信息代码发射出去。

（3）系统接收电子标签发出的载波信号，经天线的调节器传输给读写器，读写器对接收到的信号进行解调和解码，送往后台应用软件系统进行处理。

（4）应用软件判断该电子标签的合法性，针对不同的设定作出相应的处理和控制。

在 RFID 系统应用中，一般将标签置于需要进行跟踪管理的物品表面或内部，当带有标签的物品进入读写器发射的信号覆盖范围内时，读写器就能读取到标签内的数据信息。读写器将获取的信息发给中间件进行数据处理，由中间件对来自读写器的原始数据进行过滤、分组等处理。最终将中间件处理后的事件数据交给后台应用系统软件进行管理操作。

5.1.3　RFID 系统的分类

根据射频识别系统的不同特征，可以将 RFID 系统按照多种方式进行分类。常用的分类方法有按工作频率、工作方式、电子标签数据量或耦合类型等。

（1）按工作频率进行分类，可以将射频识别系统分为低频、中高频和微波三种。

1）低频系统：低频系统的工作频率一般为 30kHz～300kHz。常见的低频工作频率为 125kHz 和 133kHz。低频系统的特点是阅读距离较短，与读写器传送数据的距离一般要小于 1m，电子标签省电、成本较低，标签内保存的数据量较少。目前低频系统主要应用于短距离、数据量低的 RFID 系统中。

2）中高频系统：中高频系统的工作频率一般为 3MHz～30MHz，常见的工作频率为 6.75

MHz、13.54MHz 和 27.125 MHz。在中高频系统中，标签与读写器的距离一般情况下要小于1m，最大的读取距离是 1.5m。中高频系统的特点是保存数据量较大、数据传输速率较快，但是电子标签和读写器的成本较高，是目前应用比较成熟、使用范围较广的系统。

3）微波系统：超高频系统的工作频率一般为 300MHz～3GHz 或大于 3GHz。典型的工作频率为 433.92MHz、860/960MHz、2.45GHz 和 5.8GHz 等，其中 433.92MHz 和 860/960MHz 也常被称为超高频系统。在微波系统中，读写器与电子标签的读取距离一般大于 1m，典型情况为 4～7m，最大可以达到 10m 及以上。微波系统的特点是阅读距离长、读写速度快、价格昂贵等。

（2）按照基本工作方式分类，可以将射频识别系统分为全双工系统、半双工系统和时序系统。

1）全双工系统：在全双工系统中，读写器和电子标签可以在同一时刻双向传输数据。读写器传输给电子标签的能量是连续的，与传输方向无关。

2）半双工系统：在半双工系统中，读写器和电子标签可以双向传输数据，但同一时刻只能向一个方向传送信息。读写器传输给电子标签的能量是连续的，与传输方向无关。

3）时序系统：在时序系统中，读写器辐射出的电磁场短时间周期性断开，电子标签识别出这些间隔，在间隔时间内完成从电子标签到读写器之间的数据传输。时序系统的缺点是在读写器发出间隔时会造成电子标签的能量供应中断，这就要求系统必须通过装入足够大容量的辅助电容器或辅助电池进行补偿。

（3）按照电子标签的数据量分类，可以将射频识别系统分为 1 位系统和多位系统。

1）1 位系统：1 位系统的数据量为 1 位，只能用"0"和"1"两种方式表示。因此，1 位系统只有两种状态："在电磁场的响应范围内有电子标签"和"在电磁场的响应范围内无电子标签"。这种功能简单的 1 位系统具有价格便宜、使用方便等特点。目前这种系统被广泛应用于商场的电子防盗系统中。该系统的读写器通常被放置在商场出口，如果带着没有付款的商品离开商场，读写器就会标识出"在电磁场的响应范围内有电子标签"，并作出报警反应。

2）多位系统：在多位系统中，电子标签的数据量可以是几字节或者是几千字节，具体由实际应用来决定。

（4）按照耦合方式、工作频率和作用距离的不同分类，可以将射频识别系统分为电感耦合方式和电磁反向散射耦合系统。

1）电感耦合系统。

在电感耦合系统中，电子标签由一个电子数据载体、一个微芯片和一个作为天线的大面积线圈组成，由读写器产生的交变磁场来供电。电感耦合方式一般适用于中低频率工作的近距离射频识别系统。

电感耦合系统又可分为密耦合系统和遥耦合系统。

①在密耦合系统中，电子标签和读写器的作用距离较近，典型作用距离范围是 0～1cm。需要将电子标签插入到读写器中，或将电子标签放置在读写器的表面。密耦合方式通常用于安全性要求较高但不要求作用距离的应用系统中，如电子门锁等。

②在遥耦合系统中，电子标签与读写器的作用距离一般为 15cm～1m，遥耦合系统又可分为近耦合系统（典型作用距离为 15cm）和疏耦合系统（典型作用距离为 1m）。遥耦合系统使用范围较广，典型工作频率是 13.56MHz，是目前 RFID 系统中的主流应用。

2）电磁反向散射耦合系统。

电磁波从天线向周围空间发射，会遇到不同的目标。到达目标的电磁能量的一部分（自由空间衰减）被目标所吸收，另一部分以不同的强度散射到各个方向。反射能量的一部分最终会返回发射天线，称为回波。对 RFID 系统来说，可以采用电磁反向散射耦合的工作方式，利用电磁波反射完成从电子标签到读写器的数据传输，主要应用在 915MHz、2.45GHz 或更高频率的系统中。

5.1.4 读写器

不同的 RFID 系统在通信模式、数据传输方式和耦合方式等方面存在着很大差别，但是作为 RFID 系统最核心最复杂的部件，读写器的基本工作原理和工作方式大体上都是相同的，基本模式如图 5.2 所示。

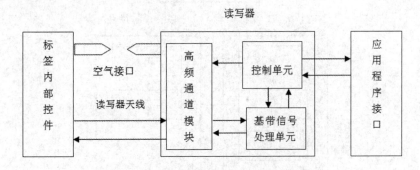

图 5.2　RFID 读写器工作模式

图 5.2 中的读写器通过空中接口将要发送的信号进行编码后加载到特定频率的载波信号上，通过天线向标签发出指令，进入到读写器工作范围内的标签收到指令后作出回应。另外，读写器对从电子标签中采集到的数据进行解码处理后送到后台由系统软件进行处理，处理后的数据再由读写器写入到标签中，在这个过程中，读写器是通过应用程序 API 接口实现的。

读写器有两种工作模式，分别是 RTF（读写器先发言）和 TTF（标签先发言）。在非工作情况下，电子标签一般处于"等待"状态，当标签进入到读写器的工作范围内，检测到有射频信号时，便从"等待"状态切换到"工作"状态。电子标签接收读写器发送的指令，作出相应处理，然后再将结果回传给读写器。只有接收到读写器发送的特殊信号，电子标签才发送数据的工作方式为 RTF 模式；电子标签一进入到读写器的工作范围就主动发送自身信息的工作方式为 TTF 模式。

如果读写器采用 RTF 的工作模式，读写器是主动方，电子标签则为从动方。在读写器的工作范围内，标签接收到读写器发送的特殊命令信号后，内部芯片对信号进行解调处理，然后对请求、密码和权限进行判断。若接收到的是读取标签内部信息命令，逻辑控制电路则会从存储器中读取相关信息，经编码调制后再发回给读写器。读写器将接收到的标签信息进行解码解调后送至后台应用程序进行处理。

5.1.5 电子标签

电子标签的主要功能在于接收到读写器的命令后，将本身所存储的编码回传给读写器。

在 RFID 应用系统中，电子标签作为特定的标识附着在被识别物体上，是一种损耗件。电子标签由 IC 芯片和无线通信天线组成，一般保存有约定格式的电子数据。数据可以由读写器以无线电波的形式非接触地读取，通过读写器的处理器进行信息解读并进行相关管理。

电子标签的功能有：

（1）电子标签存储的数据既能被写入也能被读出。

（2）具备一定的存储容量，可以存储被识别物品的相关信息。

（3）可维持对被识别物品相关的完整信息。

（4）可编程，编程后的数据具有永久性。

从总体上看，电子标签主要由天线、芯片和射频接口三部分组成，如图 5.3 所示。

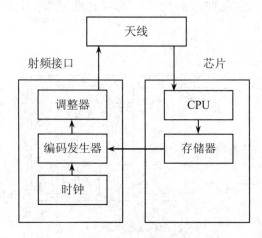

图 5.3　电子标签组成结构

时钟可以将所有的电路功能时序化，以确保读写器可以在精确的时间内接收到存储器中的数据；数据读出时，编码发生器把存储器中的数据进行编码，调制器接收由编码器编码后的信息，通过天线电路将此信息发送到读写器。数据被写入时，由控制器进行控制，将天线收到的信号解码后写入到存储器中。

5.1.6　RFID 技术的应用

1. RFID 技术在机场中的应用

RFID 技术作为一种高新技术，所具备的独特性和先进性获得了航空运输业的青睐。近年来，随着航空货运业务在全球的快速发展和自动分拣技术的普遍使用，RFID 技术以全新的姿态投入到机场管理中。RFID 技术在航空货运管理中的应用可以提高货物代理收货到机场货站、安检、地服交接等环节的效率，可以降低差错率，还可以监控货物的实时位置。

（1）麦卡伦国际机场。

麦卡伦国际机场是美国最繁忙的七大机场之一，客、货流量极大。通过对机场全面深入的了解和调查后，麦卡伦国际机场认为行李处理流程是客户关心的首要问题，于是他们选择了 RFID 技术来解决乘客安全和满意度的问题，也成为美国首家使用 RFID 系统对乘客的行李进行管理的机场。麦卡伦国际机场配备了 RFID 行李标签打印机，打印出来的 RFID 标签具有唯一的标识码和机场代码，将这种具备唯一性的标签贴在行李上，由传送带送到筛检机，最后运送到相应的飞机上。如今，麦卡伦国际机场的服务速度和效率比以往任何时候都要高，尽管机场的客流量一直在持续增长，乘客的满意度却在不断攀升。

（2）香港国际机场。

香港国际机场是亚太地区首个引入并全面应用 RFID 行李传送系统的机场。RFID 技术可以加快行李识别的速度，提高行李识别的准确性。RFID 行李传送系统的工作模式为：①乘客在柜台登记托运行李并检查行李有无问题，若行李没有问题则直接送到传送带；②为行李贴上 RFID 标签，系统将国际航空运输协会的行李服务信息码写入到 RFID 标签中，经传送带送至行李分拣系统进行分类；③行李被送达班机舱门时，由 RFID 读写器确认是否为正确的行李以及行李的数量是否正确。

（3）纽瓦克国际机场。

纽瓦克国际机场使用 RFID 技术来保证机场地面运输特别是燃油车辆的安全，机场方面可以利用 RFID 管理系统提高运输安全性以及打击恐怖分子。该系统可以同时监管 80 辆汽车，每辆汽车上都安装了 RFID 读写器，司机佩戴嵌有有源 RFID 标签的标识徽章，从汽车启动的那一刻起，系统就能够通过检测到司机身上的徽章信息而监控汽车的运行。

2．RFID 在智能车场管理系统中的应用

使用 RFID 技术的智能停车场与普通的 IC 卡停车场相比，具有无需刷卡、自动识别车辆信息以及自动收费的优势。智能停车场系统包含有查询及管理系统、读卡器、天线、车位指引系统、停车场控制系统、摄像头、数据服务器等。

查询及管理系统用于管理员对车库的日常管理，如查询车辆出入次数、停留的时间、车辆图像和收费情况等。

停车场控制系统用于控制出入口道闸的启动，配合车辆的 RFID 信息卡和传输天线获得入场车辆的信息。当车辆停在车位后，车辆信息由传感器发送给控制系统，再传送到查询管理系统。

智能停车场实现流程：

（1）确认车辆信息。当车辆驶入天线工作区域时，天线以微波的方式与电子识别卡进行数据交换，确定车辆信息。

（2）记录车辆入场时间并分配停车位。如果停车场车位已满，车辆不能进入停车场；如果停车场还有空闲车位，则允许车辆进入停车场，管理系统会指定一个空闲车位给新入场的车辆并且记录车辆进入停车场的时间。

（3）指示车辆进入指定车位。车位指引系统会按照系统分配好的停车位显示一条到达指定位置的路径。

（4）停车状态确认。在车辆进入指定停车位后，安装在车位上的传感器会采集到车辆到位的信息，将信息发回管理系统后自动更新停车场车位的状态信息。

（5）车辆驶离。车辆离开停车场时，控制系统获取车辆信息，管理系统可以计算出车辆的停车时间和应缴纳的费用，通过 RFID 信息卡进行收费处理，同时更新停车场的车位状态信息。

3．RFID 技术在智能物流中的应用

由于传统物流存在感知不及时、没有充分的互通互联和缺少智慧型计算支持与服务等问题，因此难以实现对物流信息的及时调节与协同。伴随着全球经济一体化进程的推进，调度、管理和平衡供应链的各环节之间的资源就变得日益迫切。现代物流是传统物流发展的高级阶

段，以先进的信息采集、信息处理技术为基础，结合现代管理方式和生产方式，完成物流运输、仓储、配送、包装等整个过程，强调物流的高效化和智能化。智能物流系统的功能特性如下：

（1）对物流配送进行智能优化调度，包括配送物品的路径规划和成本计算。

（2）对物流设备进行监控和管理。

（3）处理物流信息，包括库存信息、仓储配送信息及其他信息资源。

（4）可以为客户提供订单处理、市场前景预测等服务。

5.2　项目设计

为了充分还原公交卡系统，我们设计了它所拥有的多项主要功能模块。作为 RFID 系统，最基本的器材是射频识别卡（本项目使用的是 15693 卡片）和阅读器（本项目使用的是 RFID 原理实验套件实验箱）。参考公交卡系统的注册、充值、查询、消费、注销等五大功能通过 5 个阅读器来实现（每个阅读器对应一套代码），程序架构如图 5.4 所示。

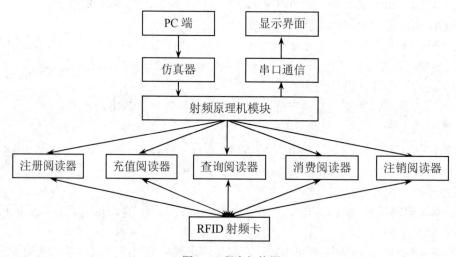

图 5.4　程序架构图

下面对每个阅读器的工作原理简要分析一下。

（1）注册。

注册时应给一张白卡写入系统相关信息，如卡的编号、卡片权限、卡里余额、密码等一系列信息。其核心就是给卡片写入数据信息。

（2）充值。

充值时应做到读取卡内的余额，将充值额与余额相加后再重新写入卡片内，覆盖掉原来的余额。其核心是读写卡内信息及数据计算的算法。

（3）查询。

这个功能较为简单，只需要将卡片里的余额信息及卡片权限读取出来显示在 UI 上即可。其核心是读卡与 UI 显示。

（4）消费。

这个功能与充值类似，先将卡内余额及权限读出来，再根据权限判定扣除金额，运算完成将新的余额信息显示在 UI 上并用语音播放出来，同时覆盖掉卡片原来的余额。这个功能是系统的核心功能，计算和播报显示较为复杂，后面会有详细说明。

（5）注销。

此功能是为了回收和再利用卡片，达到绿色环保的目的，实现较为简单，本质是将卡片里的信息置空，即置零覆盖。核心是写卡。

除了这几个阅读器外，还需要一个 UI 来显示相关信息，以验证功能是否正确实现以及最终效果是否符合我们的要求。本项目中我们使用了 Java 编程做了一个简单的 UI，如果不想编写 UI，也可以用串口小助手代替，效果类似。

5.3　项目开发

本项目的实现分为硬件连接和代码编写两部分。

5.3.1　硬件连接

硬件方面我们使用了 RFID 原理实验套件实验箱，如图 5.5 所示。

硬件连接部分比较简单，图 5.6 为仿真器连接端口，需要烧录进板子上的代码要通过仿真器下载，将仿真器连上以后若显示为绿灯，即为正常运行。

图 5.5　实验箱

图 5.6　仿真器接口

图 5.7 为串口连接端口，将串口线一端插入接口，另一端与计算机的 USB 接口相连。此时计算机会提示有新硬件安装，我们想要正常使用这个硬件，需要按照设备的说明正确安装所带的驱动系统。

当然电源也是必不可少的，插上电源后将旁边的红色开关扳下打开，如图 5.8 所示。

如图 5.9 所示，将实验仪器与计算机连接好后，接通电源并打开计算机的设备管理器确认串口已成功连接，调节端口的波特率为 115200。连接完成后打开串口小助手，将串口波特率同步为 115200，并打开相应串口（如图 5.10 所示）。开始阶段我们需要验证代码是否正确完整，需要显示运行结果，所以选择简单方便的串口小助手进行辅助。

图 5.7　串口接口

图 5.8　电源插口

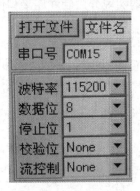

图 5.9　连接完成图

图 5.10　串口助手设置

设备准备完毕后，打开编译软件（这里使用的是μVision4 及配套产品）。

先打开一个 15693 读卡的实验示例（如图 5.11 所示），然后编译（如图 5.12 所示）、下载（如图 5.13 所示）。

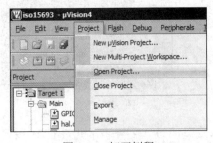

图 5.11　打开例程

图 5.12　编译程序按钮

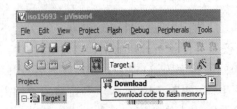

图 5.13　下载程序按钮

待屏幕显示成功后,拿一张射频卡放在射频区上方,卡片距阅读器保持 3～5cm 的距离(如图 5.14 所示),否则会造成读卡失败。等待几秒后,听到"嘀"的声音,证明读卡成功了,打开串口小助手可以在屏幕上看到卡片第一个块里的数据(如图 5.15 所示)。这一步证明了准备工作已全部完成,下面可以开始写代码制作阅读器了。

图 5.14　射频阅读示范

图 5.15　串口助手显示读取结果

5.3.2　代码编写

1. 查询

硬件方面的工作已经完成,下面先来写一个最简单的查询阅读器。查询功能就是将卡里的信息读出来显示在屏幕上,刚才我们打开的示例代码就是这个功能,但是需要对它稍加修改,原因后面会具体解释。先来看一下它的代码:

```
1    if(!status)   //寻卡成功
2    {
3        for(i=0;i<ReturnValueLen;i++)                    //提取标签号
4        {
5            CardValue[i]=ReturnValue[i+2];
6        }
7            CardLenth=8;                                 //标签
8        status = ISO15693_ReadBlock(0X22,               //数据标志
9                          CardValue,                    //标签号
10                         13,                           //块地址
11                         3,                            //读取的块数量
12                         &ReturnValueLen,              //CLRC632 返回数据的长度
13                         ReturnValue);                 //CLRC632 返回数据的首地址
14   }                                                   //读卡操作
```

这是读卡的主要代码,先是寻卡、提取标签号,是每个阅读器都需要先进行的一步,所以不再赘述。再来看核心代码,即函数 status = ISO15693_ReadBlock,此函数是示例中自带的一个读数据的函数,它不是一个库函数,但是我们可以找到并引用它,其作用是将寻到的卡片

中指定块里的内容提取出来，存放在一个叫 ReturnValue 的数组中。图片里的内容显示，我们指定它读取了 3 个块的内容，这 3 个块是从第 13 块开始算起。这些是我们后面要用到的块，如果有需要，我们可以定义 32 个块里的任意多个块，只需要写出它开始的块号和读取的块数。

简单来说，就是将示例代码里的读卡函数 status = ISO15693_ReadBlock 里的块地址和读取的块数量两个参数变成我们需要的。这里还有一个很简单但很好用的函数 SendByte，此函数的作用是将读卡函数得到的存放在 ReturnValue 数组中的数据通过串口传输给 PC，只需要将要传输的内容写入括号中调用即可。后面诸如将读到的信息传输到屏幕上等需要都可以调用这个函数完成。至此，查询代码已写好，保存之后再来看下一个代码。

2. 注册

注册的代码如下：

```
1    if(!status)      //寻卡成功
2        {
3            for(i=0;i<ReturnValueLen;i++)                //提取标签号
4            {
5                CardValue[i]=ReturnValue[i+2];
6            }
7            CardLenth=8;                                 //标签号长度
8        for(i=0;i<3;i++)
9            {
10            status = ISO15693_WriteBlock(0X22,
11                                        CardValue,
12                                        (13+i),
13                                        0x00,
14                                        WriteData+i*4,
15                                        &ReturnValueLen,
16                                        ReturnValue);    //写卡代码
17            }
18        status = ISO15693_ReadBlock(0X22,
19                                    CardValue,
20                                    13,
21                                    3,
22                                    &ReturnValueLen,
23                                    ReturnValue);        //读卡代码
24    }
```

同样先寻卡、提取标签号，由于需要在 3 个块上进行写的操作，所以我们写了一个 for 循环，循环的次数是 3。循环体里面是一个写卡函数 status = ISO15693_WriteBlock，同理，此函数也不是库函数，但我们可以引用它。我们不需要对这个函数进行任何改动，只要根据需要操作的块数量来改变 for 循环里 i 的大小即可。

现在问题来了，我们只有写卡用的函数，但是并没有所写的内容，写的内容放在哪里了？其实这个将要写进卡里的内容放在一个自定义的数组里，而这个数组在代码的最上方，数组名是 WriteData，数组里存放了 12 个数据元素，因为每个块只能存放 4 个数据，所以这 12 个数据需要用三个块来存放。我们在数组中写入的元素均是用十进制的 ASCII 码，以便测试的时候在屏幕上显示出易于理解的值。可以在数组中直接写入 ASCII 码值，也可以用单引号引用它的显示值。这样写卡的代码也完成了，我们在写卡函数后面再调用读卡函数，就可以将写入的信息同时显示在屏幕上了，这样就完成了注册功能。

3. 注销

完成了注册以后，注销就简单得多了。本项目对注销的操作实际上是进行了一个组"写 0"操作，就是将卡里的数据全部用"0"覆盖掉。用的还是写卡的代码，将 WriteData 数组中的数据全部写成"0"的格式，这样在显示时就只有 0 了；也可以全部将数组改为"32"，这是空格的 ASCII 码值，这样写的话将来读取出来的数据全是空格，在屏幕上显示的也都是空白。

通过以上步骤，已经完成了三个阅读器的代码实现。这些代码都很简单，只是调用了示例里的几个函数，但是接下来就需要我们自己动手写一些东西了。

4. 充值

现在还剩两个阅读器：充值和消费，因为这里涉及运算，所以要自己思考定义算法。首先来编写充值功能的代码。充值的基本思想是它告知余额，把余额和充值金额相加，再告诉它。所以我们简单地分为三步：读卡－计算－写卡。读卡和写卡只需要调用相应的函数即可。计算这一步，这里参照代码进行解释。

```
WriteData[2]=ReturnValue[3]+2;
WriteData[3]=ReturnValue[4];
WriteData[0]=ReturnValue[1];
```

这里有两个数组：WriteData 和 ReturnValue，之前我们说过 WriteData 里存放的是我们将要写入卡里的数据，在执行写卡函数的时候此数组里的数据就被写进相应块的相应位置上了，数组数据从[0]开始；而 ReturnValue 里存放的是我们执行读卡操作的时候从卡里相应块上读到的数据，与 WriteData 不同的是 ReturnValue 的数据存储是从[1]开始的，这一点需要特别注意。上面三行代码执行的结果是将读到的第 3 位数据加 2 然后赋值给 WriteData 的第 3 位，将读到的第 1 位数据和第 4 位数据直接赋值给相应的 WriteData。

为什么这样写呢？其实这里面有自己的一些规定，我们规定第 13 块上第 1 位写的是卡片的权限：1 代表半价卡，2 代表全价卡。这个权限判定会在后面的消费时用到。第 2 位数据定义为简单的加密位，在对卡片进行某些操作时需要先判定这张卡是否为自己系统里的卡片，避免未注册的卡片违法操作。此处规定它为十进制的 48，在进行充值和消费时会先对此位进行判断，若非 48 则认为此卡为非法卡片，对它的操作进行拒绝并发出警报声。若判定通过则进行正常操作。第 3 位和第 4 位规定为卡里的余额，上面对读取的第 3 位数据加 2 其实执行的结果是给卡片进行了充值 20 的操作。

这只是简单的模拟，我们的加密码、权限判定和余额上限都只取了最少的数位，如果想要更加复杂的功能可以再用更多的块来写更多的内容，操作与此类似。因为后面有一个写卡函数，WriteData 数组中的值应与原值相同，所以将把改变的数据重新赋给 WriteData。这里没有对第 2 位数据进行重新赋值是因为此位是不变的，只要通过了验证此位肯定为 48，所以在原 WriteData 数组中此位已经被写为 48，不需要对这一位进行操作。由于这里用的是十进制数表示，因此进行充值操作的计算里可以将十位和个位分开，分别对相应的数位进行操作即可。当然，若要进行较大或者非整数操作的话，还应加上数据是否越界的判定及操作，在后面消费代码的讲解里会有涉及，这里就不进行论述了。充值阅读器的主要代码如下：

```
1    status = ISO15693_ReadBlock(0X22,
2                        CardValue,
3                        13,
4                        0,
5                        &ReturnValueLen,
6                        ReturnValue);                //读卡操作
7                    WriteData[2]=ReturnValue[3]+2;
8                    WriteData[3]=ReturnValue[4];     //充值20元
9                    WriteData[0]=ReturnValue[1];
10   status = ISO15693_WriteBlock(0X22,
11                        CardValue,
12                        13,
13                        0,
14                        WriteData,
15                        &ReturnValueLen,
16                        ReturnValue);                //将新值写入卡片
17   status = ISO15693_ReadBlock(0X22,
18                        CardValue,
19                        13,
20                        3,
21                        &ReturnValueLen,
22                        ReturnValue);                //读卡操作
```

通过这些操作,可以进行读取卡里的信息、做充值操作、覆盖余额、将余额显示在屏幕上等一系列的完整操作。

5. 消费

最后,我们要完成最普遍的也是最复杂的一个阅读器——消费阅读器。为什么说这个阅读器最复杂呢?因为这里出现了很多的判定操作和运算操作。但是只要理解其本质,其实还是很简单的,先来看主要代码。

```
1    status = ISO15693_ReadBlock(0X22,
2                            CardValue,
3                            13,
4                            0,
5                            &ReturnValueLen,
6                            ReturnValue);            //读卡操作
7    if(ReturnValue[2]==48)                           //加密判定
8      {
9            if(ReturnValue[3]==48&&ReturnValue[4]==48)   //余额判定
10           {
11               Delay(50);
12               LCM_Beep();
13               Delay(50);
14               LCM_Beep();
15               Delay(50);
16               LCM_Beep();
17           } else
```

```
18                        {
19                            if (ReturnValue[1]==49)                    //权限类型判定
20                            {
21                                if(ReturnValue[4]==48)
22                                {
23                                    WriteData[3]=57;
24                                    WriteData[2]=ReturnValue[3]-1;
25                                }
26                                else
27                                {
28                                    WriteData[3]=ReturnValue[4]-1;
29                                    WriteData[2]=ReturnValue[3];
30                                }
31                                WriteData[0]=49;                    //扣费
32                            }
```

先来说这一部分，首先是读卡操作，已熟悉，得到了卡里的信息后，我们第一步要做的是判断这张卡是否为此系统中的卡片。在注册的时候，我们在第 13 块的第 2 位上写入了用于验证的数字 48，就是说如果这张卡是被注册过的，把这一位数字与 48 对比结果必然相等，即为验证通过，进行下一步操作，否则蜂鸣器会发出"嘀嘀嘀"的警报。第一步通过以后，我们要先检查卡里是否还有余额，即判断第 3 位和第 4 位上是否同时为零，若同时为零，即认为卡里没钱了，同样会报警提醒；若不同时为零，则进入下一步判断，此卡是否为半价卡，即比对第 1 位数是否为 49，若等于则进行减 1 操作。因为我们写入的代码，在计算机看来可以识别的为十六进制数或十进制的 ASCII 码。为了在屏幕上显示的时候能更加直观，我们采用了十进制的 ASCII 码，这样也必须对每一位进行操作。

所以对于一个两位数，我们采取减 1 操作时会出现两种情况：一是个位为零十位不为零，我们需要让十位减 1，个位置为 9；二是个位不为零，个位减 1，十位不变。所以这段扣费代码就是执行的这个操作，并把结果赋值给 WriteData 数组，等待写入卡片。由于对射频卡的操作单位是块，因此执行写操作的时候必须对卡上的 4 位均进行改动，还要将第 1 位的权限位也赋值给 WriteData 的第 1 位。当然，我们还可以对卡片权限做多种设置，之前定义了 49 为半价卡，那么我们设 50 为全价卡，每次减两元。同样，这里在运算的时候也要进行分类，代码如下，大家可对比理解。

```
1    if (ReturnValue[1]==50)                    //权限类型判定
2                            {
3                                if(ReturnValue[4]==49)
4                                {
5                                WriteData[3]=57;
6                                    WriteData[2]=ReturnValue[3]-1;
7                                }
8                                else    if(ReturnValue[4]==48)
9                                {
10                                    WriteData[3]=56;
11                                    WriteData[2]=ReturnValue[3]-1;
12                                }
```

```
13                      else
14                       {
15                              WriteData[3]=ReturnValue[4]-2;
16                              WriteData[2]=ReturnValue[3];
17                       }                              //扣费
18                  WriteData[0]=50;
19                 }
20    else
21                 {
22                  LCM_Beep();
23                  LCM_Beep();
24                  LCM_Beep();                    //判定不通过，警报
25                 }
26            status = ISO15693_WriteBlock(0X22,
27                              CardValue,
28                              13,
29                              0,
30                              WriteData,
31                              &ReturnValueLen,
32                              ReturnValue);    //重新写入余额
```

至此，已经基本完成了这个阅读器的功能。我们在后面加上写卡代码，就可以将消费后的信息覆盖在原来的区域，加上读卡的函数，用串口通信就可以使余额信息显示在屏幕上。

以上完成了项目系统所需要的读卡器代码，接下来将代码逐个下载到射频板上，在 PC 端使用工具接收返回的数据以验证代码的正误。项目系统开发过程中使用前面提到的串口小助手比较直接方便，当然也可以自己写一个串口 UI 来显示。

公交卡系统应用中使用的语音播报是通过一个文本转语音 gar 工具实现的。用 Java 写一个串口界面来显示数据后，再用 Java 写一个串口通信就可以将所取得的信息以语音的方式展示出来，当然也可以设置一些敬语或提示语让它显得更贴切。

5.4 应用展望

5.4.1 项目扩展

我们成功模拟了公交卡具有的所有功能，虽然看上去较为简易不适合进行实际应用，但是我们可以将此系统向上进行扩展。在资源充沛的情况下，可以将每个阅读器连接到一个网络里，配置后台终端对其进行远程检测与控制，同时建立一个数据库来存储每张卡内的信息，在数据库支撑下卡内的记录数量可尽量减少，而能保存的信息量可相对增多，根据管理需要可做到实名认证等功能。可以做到阅读器在进行读卡操作时其内容同时发送给数据库，做到将数据库的信息与公交卡的信息更新同步。

然后还可以进行移动端的扩展，开发一款配套的 APP。以卡片编号及持卡人身份信息登录，在 APP 中可以查看余额信息、消费详情，还可进行在线充值。使用网络支付手段对卡进行充值，大大方便了现在使用公交卡的大部分群体，适应了互联网+的时代要求。同时，APP

还可进行其他扩展来推动此系统的升级。

　　除此之外，本项目还可向下进行改进，我们可以拿出其中的一两个阅读器做一个门禁卡系统，这个系统只需要注册阅读器和单纯的读卡阅读器就可以完成。在注册时将持卡人信息写入卡中，同时加入几位验证信息码，在读卡阅读器中将验证信息码读出判断，若通过则显示持卡人的相关信息，若不通过则警报系统开启。这是最简单的门禁系统，但也可以进行相关的复杂性扩展，有条件的也可以进行数据库连接查询、权限认定，甚至可以加入指纹识别、虹膜识别等高科技的二段验证。

　　相关的扩展还有很多，比如与我们生活比较密切的水卡、洗衣卡等，均可由本项目的相关内容进行开发和改造，读者可自行实验感悟。

5.4.2　项目总结

　　本项目是对现有的系统进行模拟，以达到学习认知 RFID 系统的目的，宗旨是更深入地了解射频识别技术的原理及在实际中的应用。本项目是对公交卡系统的模拟，基本功能已完成，但仍有一部分功能未进行实现，如通过 UI 对卡片进行改写、操作。本项目重点是 RFID 的硬件开发学习，在软件方面还需进一步完善，若读者有兴趣可自行尝试。

第 6 章　视频对讲系统

本章导读

　　视频对讲通过跨越时空界限的方式将人与人交流的距离拉近。视频对讲系统达到了图像、语音双重识别从而增加安全可靠性，在人们的日常生活中起到防盗、防灾等安全保护作用，为生命财产安全提供最大程度的保障；在工作中，它以有线或无线通信传输，通过简单、灵活、快捷的方式为企业间的异地办公、会议交流等提供了便利条件，极大地提高了工作效率，节约大量资源。视频对讲极大地提升了生活和工作的整体管理和服务水平，已经逐步成为人们生活和企业工作不可缺少的配套设备。

　　本章我们将学习以下内容：
- 利用树莓派编程
- 基于 GStreamer 的视频管道技术
- 使用 Socket 进行数据的发送与接收

6.1　项目简介

　　视频对讲是自信息化时代以来人们不可或缺的重要交流方式，被广泛应用于生活、工作中，在住宅小区、视频聊天、企业办公等诸多用处上发挥着重要的作用。随着中国内地经济的稳步发展，人们对生活的安全性、工作的高效性的需求快速提升，视频对讲已经成为安防产业及远程办公的重要组成部分，得到了大力的发展及应用。

　　互联网+及移动智能终端的出现和发展，为远程智能视频的实现提供了支持。本项目融合物联网感知功能及视频对讲系统，通过部署相关传感器并自主研发智能系统，实现远程门禁的智能交互。用户可以突破地域限制，在任意联网地点用手机感知门外的情况。当超声波传感器接收到有人的信号时，将向用户的手机端发送告警信号，用户通过手机建立视频窗口，并可自主调节视频角度，辨别是否开门或者对其进一步处理。

　　因此本系统有以下几个具体功能：

　　（1）视频对讲功能。该功能实现了对监控区域的视频和语音双识别。

　　（2）远程调控功能。该功能实现了对摄像头角度的远程调控，即在手机应用端即可进行对摄像头角度的调控以实现监控到更大的角度。

　　（3）超声波测距功能。该功能基于超声波模块，在超声波模块检测到长时间有人接近时会向手机端发送警报。

　　本系统适用于空间相对独立的保护区域，如别墅、仓库、实验室等。

6.2   项目设计

6.2.1   系统架构

系统架构由三部分组成，分别是智能视频采集、智能视频传输和智能视频服务，如图 6.1 所示。其中智能视频采集部分由各部分硬件组成，完成对视频的采集、传输和控制；智能视频传输部分由路由器和服务器组成，其中路由器用来传输视频数据，服务器用来完成软硬件的连接以及各类命令的传输；智能视频服务部分主要由各类终端组成，利用 Wi-Fi 等各类连接方式与网络相连接；树莓派为硬件部分的控制中心，连接着智能视频采集服务和智能视频服务两个部分。智能视频采集是整个系统的硬件部分，主要由超声波传感器、摄像头、STM32 开发板、舵机等构成，完成智能视频采集功能。

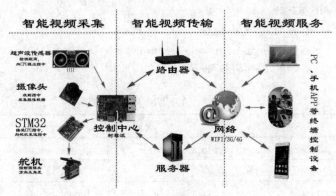

图 6.1   系统架构图

6.2.2   视频管道设计

视频流的关键在于如何创建 GStreamer 视频流管道，在如图 6.2 所示的整个过程中，视频流管道完成了对视频数据的采集、编码、发送，在终端的接收管道上同样完成了视频的接收、解码、播放。摄像头采集并提取图像数据，经过 V4l2src 视频编码为 RTP 流，通过 UDP 发送到指定设备，在终端上获取数据并解码为 H264 格式，最后在手机端播放视频。

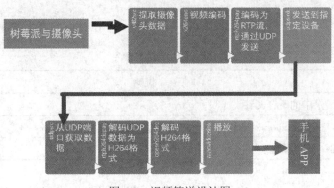

图 6.2   视频管道设计图

6.2.3 关键工具

1. Linux 下的 vim

vim 作为编译器中的经典编译器被大多数开发者所认可与使用，在 Linux 下 vim 更是一种必备的工具。这里不进行详细介绍，关于 vim 的配置，感兴趣的读者可以参考：

https://jingyan.baidu.com/article/046a7b3efd165bf9c27fa915.html

由于树莓派的 Debain 系统是基于 Ubuntu 系统的，因此 Ubuntu 上的教程也可以用于树莓派中，在这里请大家牢记 sudo apt-get install 命令，其中 sudo 命令是开启超级用户权限，apt-get 是获得想要安装的包，install 就是对包进行安装。如使用 sudo apt-get install vim 也就是要安装 vim。

Ubuntu 系统默认 vim 编辑器是不支持语法高亮的，界面不友好，在安装时只需要安装 vim-gtk。

sudo apt-get install vim-gtk

vim 中的各种命令的详解，请参考：

http://www.cnblogs.com/usergaojie/p/4583796.html

如表 6.1 所示是 vim 中的一些简单的命令。

表 6.1 vim 的简单命令

命令	说明
vim	进入全屏幕编辑画面 ep: vim myfile 格式：vim+文件名
ESC	从插入模式切换为命令行模式
:w	:w filename （输入「w filename」将文章以指定的文件名 filename 保存）
:wq	:wq（输入「wq」，存盘并退出）
:q!	:q!（输入 q!，不存盘强制退出）
【a】	按「a」进入插入模式后，是从目前光标所在位置的下一个位置开始输入文字
【o】	按「o」进入插入模式后，是插入新的一行，从行首开始输入文字

2. Linux 下的各种命令及 Python 语言

在开始编程时，必须熟悉 Linux 的各种命令，当然如果读者已经有了 Linux 编程基础也可以跳过这一阶段的教程。

（1）Linux 中常见的几个命令，见表 6.2。

表 6.2 Linux 简单命令

命令	说明
Ls	显示当前目录中的所有文件夹
Cd	变换目录，例如 cd home 即进去 home 文件夹；cd..返回上一层目录
Rm	Remove 的缩写，即删除

其余的 Linux 命令同样给读者一个链接：http://www.cnblogs.com/laov/p/3541414.html

Python 的语法与 C++的相似程度比较高，由于其简易性而出名，从而在程序语言中占有一席之地。

（2）使用 Python 来写一个小程序。

编辑命令 vim hello.py，终端会进入一个 vim 的编辑环境中，在 vim 中写入 print "hello"。

注意：语句后没有分号，与流行的 C 和 Java 等语言是不同的，加上分号后就会发生语法错误。

编辑命令：python hello.py，在 bash 终端中将会显示 hello 字样。

6.3　项目开发

本项目以树莓派为基础将视频流通过 USB 摄像头采集后使用 GStreamer 技术进行编码采集传输并实时在手机 APP 中显示。使用超声波技术检测当物体接近时进行报警，将报警信号使用 Socket 协议传输到服务器端，并由服务器端使用 http 协议转发到手机 APP 上，在手机 APP 中的控制也是简单动一动手指就能进行远程控制。使用树莓派的 Linux 系统和 Python 语言开发简单易懂，非常实用。

6.3.1　主要硬件环境

本项目使用的硬件设备主要有树莓派、超声波传感器、舵机、STM32f104 开发板。其中，树莓派作为本项目的控制中心，STM32f104 开发板作为其辅助控制中心。

1. 主控部件——树莓派

树莓派（Raspberry Pi）是一款基于 Linux 的单片机计算机，如图 6.3 所示。它由英国的树莓派基金会开发，目的是以低价硬件及自由软件促进学校的基本计算机科学教育。

图 6.3　树莓派实物图

树莓派配备一枚博通（Broadcom）出产的 ARM 架构 700MHz BCM2835 处理器，256MB 内存（B 型已升级到 512MB 内存），使用 SD 卡当作存储介质，且拥有一个 Ethernet、两个 USB

接口、HDMI（支持声音输出）和 RCA 端子输出支持。树莓派只有一张信用卡大小，体积大概是一个火柴盒大小，可以运行像《雷神之锤 III 竞技场》的游戏和进行 1080P 视频的播放。操作系统采用开源的 Linux 系统（如 Debian、ArchLinux），自带的 Iceweasel、KOffice 等软件能够满足基本的网络浏览、文字处理、计算机学习的需要。分 A、B 两种型号，售价大概是 A型 25 美元、B 型 35 美元。

树莓派主要使用基于 Linux 内核的操作系统。第一代树莓派是基于 ARMv6 架构的 ARM11芯片。目前几个流行的 Linux 版本，包括 Ubuntu 在内，将不能在 ARM11 上运行。在本地的树莓派上不能运行 Windows 的，不过新的树莓派 2 已经可以运行"Windows 10 物联网核心版"。树莓派 2 当前只支持 Ubuntu Snappy Core、Raspbian、OpenELEC 和 RISC OS。2017.04.11 Windows 10 IoT Core Creators Update 正式支持树莓派 3 平台。

2. 超声波传感器

HC_SR04 是一款使用较为广泛的超声波测距模块，如图 6.4 所示，其主要用途是探测有效距离内的到访者。

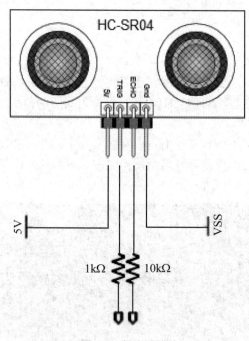

图 6.4　超声波模块

该模块具有四个引脚，分别为 VCC、GND、Trig、Echo，其中 VCC 和 GND 为供电脚，Trig 为测距触发引脚，Echo 为测距输入引脚。

该模块的驱动模式为控制口发一个 $10\mu s$ 以上的高电平，就可以在接收口等待高电平输出。一有输出就可以开定时器计时，当此口变为低电平时就可以读定时器的值，此值就是此次测距的时间，由此可算出距离。如此不断地进行周期测，就可以实现移动测量了。

模块工作原理如下：

（1）采用 I/O 触发测距，给至少 $10\mu s$ 的高电平信号。

（2）模块自动发送 8 个 40kHz 的方波，自动检测是否有信号返回。

（3）有信号返回，通过 I/O 输出一高电平，高电平持续的时间就是超声波从发射到返回的时间。

（4）计算测试距离：测试距离=(高电平时间*声速(340m/s))/2。

根据工作原理，如图 6.5 所示，我们可以选择以下两种模式驱动：

（1）采用中断+定时器模式，将 Echo 定义为上升沿下降沿都能触发中断，Trig 触发之后，Echo 高电平打开定时器，Echo 低电平关闭定时器并统计定时器计数值。

（2）采用普通 I/O+定时器模式，触发之后等待 Echo 响应，响应时打开定时器，直到 Echo 恢复低电平关闭定时器，获取时间。

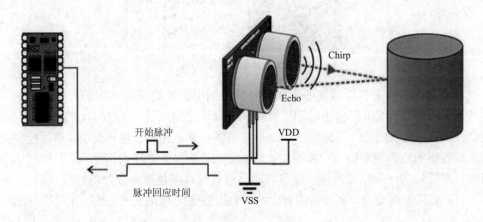

图 6.5　超声波工作原理图

注意事项：

（1）此模块不宜带电连接，如果要带电连接，则让模块的 GND 端先连接，否则会影响模块工作。

（2）测距时，被测物体的面积不少于 $0.5m^2$ 且要尽量平整，否则可能会影响测试结果。

3．舵机

舵机也叫伺服电机，最早用于船舶上实现其转向功能，由于可以通过程序连续控制其转角，因而被广泛应用于智能小车以实现转向以及机器人的各类关节运动中，如图 6.6 所示。在本案例中，舵机主要用于控制摄像头实现转向功能。

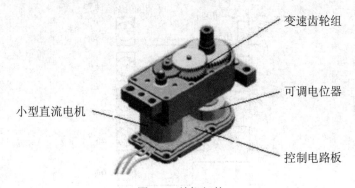

图 6.6　舵机部件

舵机的输入线共有三条，一般是红黑白三色线，如图 6.7 所示。其中，红色的是电源线，黑色的是地线，这两根线为舵机提供最基本的能源保证，主要是电机的转动消耗。电源有两种规格：一是 4.8V，一是 6.0V，分别对应不同的转矩标准，即输出力矩不同，6.0V 对应的要大一些，具体看应用条件。另外一根线是控制信号线，Futaba 的一般为白色，JR 的一般为橘黄色。另外，SANWA 的某些型号的舵机引线电源线在边上而不是中间，需要辨认。需要注意的是红色为电源线，黑色为地线，不要将这两根线弄混淆。

图 6.7　舵机的输出线

控制电路板接收来自信号线的控制信号，控制电机转动，电机带动一系列齿轮组，减速后传动至输出舵盘。舵机的输出轴和位置反馈电位计是相连的，舵盘转动的同时，带动位置反馈电位计，位置反馈电位计将输出一个电压信号到控制电路板，进行反馈，然后控制电路板根据所在位置决定电机转动的方向和速度，从而达到目标停止。其工作流程为：控制信号→控制电路板→电机转动→齿轮组减速→舵盘转动→位置反馈电位计→控制电路板反馈。使用高级的舵机时，务必搭配高品质、高容量的锂电池，能提供稳定且充足的电流，才可发挥舵机应有的性能。

舵机的控制信号是周期为 20ms 的脉宽调制（PWM）信号，其中脉冲宽度为 0.5～2.5ms，相对应的舵盘位置为 0～180°，呈线性变化。也就是说，给它提供一定的脉宽，它的输出轴就会保持在一定对应角度上，无论外界转矩怎么改变，直到给它提供一个另外宽度的脉冲信号，它才会改变输出角度到新的对应位置上，舵机输出转角与输入脉冲的关系如图 6.8 所示。舵机内部有一个基准电路，产生周期为 20ms、宽度为 1.5ms 的基准信号，有一个比出较器，将外加信号与基准信号相比较，判断出方向和大小，从而生产电机的转动信号。由此可见，舵机是一种位置伺服驱动器，转动范围不能超过 180°，适用于那些需要不断变化并可以保持的驱动器中，如机器人的关节、飞机的舵面等。

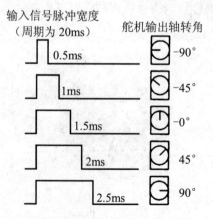

图 6.8　舵机输出转角与输入脉冲的关系

舵机常用在机器人技术、电影效果制作和木偶控制当中，不过让人大跌眼镜的是，舵机竟是为控制玩具汽车和飞机才设计的。舵机的旋转不像普通电机那样只是古板地转圈圈，它可以根据指令旋转到 0~180°之间的任意角度，然后精准地停下来。因此，我们可以用 PWM 信号去控制舵机的转动。

4. STM32f104 开发板

STM32 系列基于为要求高性能、低成本、低功耗的嵌入式应用专门设计的 ARM Cortex-M3 内核，如图 6.9 所示。在本系统中将被用于控制舵机，即向舵机发送 PWM（脉冲）信号，并接收来自树莓派的命令。

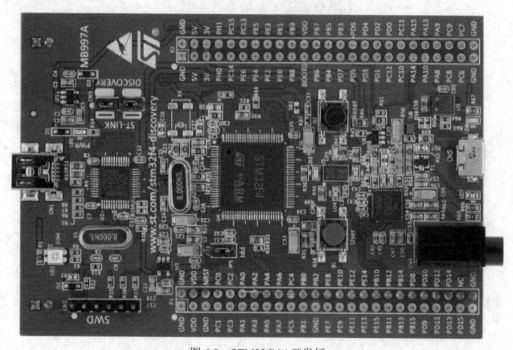

图 6.9　STM32f104 开发板

6.3.2　软件开发环境

- 操作系统：Windows10 专业版 64 位
- 开发平台：Android Studio
- 协议栈：SOCKET、UDP
- 树莓派：Debain

6.3.3　系统环境的搭建

本系统硬件中的软件环境使用树莓派 Debian 系统，本系统的安装过程请参考树莓派官方教程：https://www.raspberrypi.org/downloads/

如图 6.10（a）所示，在系统 DOWNLOADS 界面中选择后一个选项（RASPBIAN）。在图 6.10（b）中可以看到右边这个选项中是 mini 版的系统，选择完整版的 Debian 系统进行下载，并参考安装教程：https://jingyan.baidu.com/article/636f38bb5f52e9d6b84610e5.html

一些简单的命令和操作参考链接：http://www.52pi.net/

树莓派官方帮助英文网址：https://www.raspberrypi.org/help/

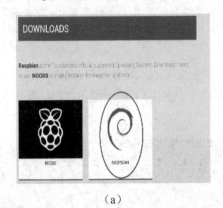

（a）

（b）

图 6.10   系统下载

6.3.4   超声波传感器代码

定义一个超声波测距关键函数，名为 checkdist()，具体代码如下：

```
1    def checkdist():
2        #发出信号
3        GPIO.output(2,GPIO.HIGH)
4        #保持 10μs 以上
5        time.sleep(0.000010)
6        GPIO.output(2,GPIO.LOW)
7        while not GPIO.input(3):
8            pass
9        #发现高电平时开始计时
10       t1 = time.time()
11       while GPIO.input(3):
12           pass
13       #高电平结束停止计时
14       t2 = time.time()
15       #返回距离，单位为米
16       return (t2 - t1)*340/2
```

接线时，将 Echo 引脚连接到树莓派的 GPIO3 口上，Trig 引脚连接到树莓派的 GPIO2 口上。树莓派 GPIO 如图 6.11 所示，读者可以根据此图完成超声波传感器和树莓派的接线。

注意：hcsr04 的电源应该连接 5V 的电源。

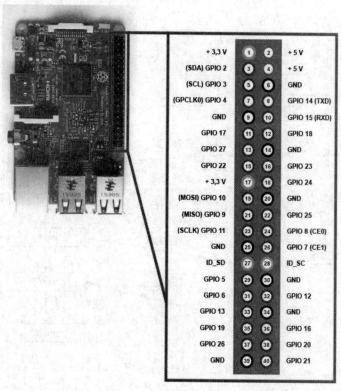

图 6.11 树莓派 GPIO

6.3.5 Socket 协议

Socket 协议是一种树莓派与服务器的连接协议，在 Python 中，也有现成的 package 能够直接使用。由于网络上的两个程序通过一个双向的通信连接实现数据的交换，这个连接的一端称为一个 Socket。建立网络通信连接至少要一对端口号（Socket）。Socket 本质上是编程接口（API），是对 TCP/IP 的封装，TCP/IP 也要提供可供程序员进行网络开发所用的接口，这就是 Socket 编程接口；HTTP 是轿车，提供了封装或者显示数据的具体形式；Socket 是发动机，提供了网络通信的能力。

Socket 的英文原意是"孔"或"插座"。作为 BSD UNIX 的进程通信机制，取后一种意思。通常也称为"套接字"，用于描述 IP 地址和端口，是一个通信链的句柄，可以用来实现不同虚拟机或不同计算机之间的通信。在 Internet 上的主机一般运行了多个服务软件，同时提供几种服务。每种服务都打开一个 Socket 并绑定到一个端口上，不同的端口对应不同的服务。Socket 正如其英文原意那样，像一个多孔插座。一台主机犹如布满各种插座的房间，每个插座有一个编号，有的插座提供 220V 交流电，有的提供 110V 交流电，有的则提供有线电视节目。客户软件将插头插到不同编号的插座，就可以得到不同的服务。Socket 协议的工作原理如图 6.12 所示。

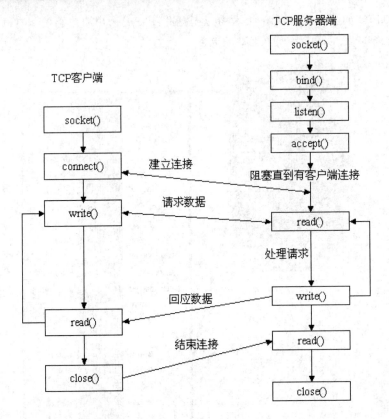

图 6.12　Socket 协议原理图

在程序中引入 socket 包：import socket

然后与服务器建立连接：

```
1    clientSocket = socket.socket(socket.AF_INET,socket.SOCK_STREAM)
2    clientSocket.connect((serverName,serverPort))
```

其中 serverName 是指服务器的地址，也就是服务器的 IP 地址，serverPort 是指服务器的端口号，也就是在服务器端开放的端口的编号。

这样就完成了树莓派和服务器的连接，可以通过这个双向连接来进行发送和传输信息，在树莓派端可以通过 clientSocket.send()方法来向服务器提交和发送信息，方法的参数可以是 String 类型的字符串。相反地，可以通过 clientSocket.recv()方法来读取信息，方法参数读取的字节数，可以根据实际要求来进行参数传递，但是一定要保证读取的字节数足够，否则就会出现收到的数据遗漏的情况。

现在来看一段用 Python 写的 socket 的经典例子。

```
1    #!/usr/bin/python
2    import socket
3    HOST='10.0.0.245'
4    PORT=50007
5    s = socket.socket(socket.AF_INET,socket.SOCK_STREAM)
6    #定义 socket 类型，网络通信，TCP
7    s.connect((HOST,PORT))                    #要连接的 IP 与端口
```

```
8      while 1:
9          cmd = raw_input("Please input cmd:")          #与人交互，输入命令
10             s.sendall(cmd)                            #把命令发送给对端
11             data = s.recv(1024)                       #把接收的数据定义为变量
12             print data                                #输出变量
13     s.close()                                         #关闭连接
```

6.3.6　GStreamer 视频管道技术

GStreamer 是整个系统的关键部分，它是一个开源的多媒体框架库，用于构建一系列的媒体处理模块，如简单 Ogg/Vorbis 回放功能、音频/视频流复杂音频（混合）和视频（非线性编辑）的处理等一系列流媒体应用，其目标是要简化音/视频应用程序的开发，目前已经能够被用来处理像 MP3、Ogg、MPEG1、MPEG2、AVI、Quicktime 等多种格式的多媒体数据。

本项目中 GStreamer 可用于处理视频和音频，包括采集、编码、发送、接收、解码、播放，读者可以对 GStreamer 进行简单的学习，学习的教程可以参考以下链接：

https://gstreamer.freedesktop.org/documentation/tutorials/basic/index.html

（1）安装 GStreamer 软件。

第一步：升级树莓派的系统，输入命令：

```
sudo apt-get install update
```

第二步：安装 GStreamer，我们将两个 GStreamer 版本都安装一下：

```
sudo apt-get install gstreamer1.0
sudo apt-get install gstreamer0.10
```

（2）安装 gst-launch 插件，并利用这个插件打开摄像头实现视频的播放。在终端中输入命令：

```
gst-launch-1.0 v4l2src device=/dev/video0 ! autovideosink
```

该命令中 gst-launch-1.0 表示 GStreamer 中的 launch 插件，其版本是 1.0。v4l2src 代表视频源文件，源文件从设备（device=/dev/video0）（在 Linux 中所有设备都是以文件形式存在的，因此可以用文件式的连接/dev/video0）读取，最后一个组件（autovideosink）是将源文件播放出来。

（3）进行本地测试，从一台树莓派中将数据发送到另一台树莓派（或安装 Linux 系统的 PC 机）中。

发送端命令：

```
gst-launch-1.0 v4l2src ! video/x-raw,width=640,height=480 ! x264enc ! h264parse ! rtph264pay ! udpsink host=127.0.0.1 port=5000
```

接收端：

```
gst-launch-1.0 udpsrc port=5000 ! application/x-rtp,encoding-name=H264,payload
=96 ! rtph264depay ! h264parse ! avdec_h264 ! autovideosink
```

在发送端首先读取视频数据，然后将它们编码成 H264 编码，再编码成 RTP 流，最后用 UDP 协议将视频文件打包发送出去，host 后面跟上对方的 IP 地址即可，port（端口号）在这里可以任意取，但是尽量是 4 位数字，发送端和接收端的端口号一定要相对应。同理，在接收端用 UDP 协议收到视频流文件的时候将它转换成 H264，然后播放。

那么，在 Linux 中查看自己的本地 IP 地址可以在终端中输入 ifconfig 命令。如图 6.13 所

示，左边箭头所指的 IP 地址为本地局域网内的 IP 地址，将 host 后面的数字改成刚刚找到的 IP 地址即可发送。

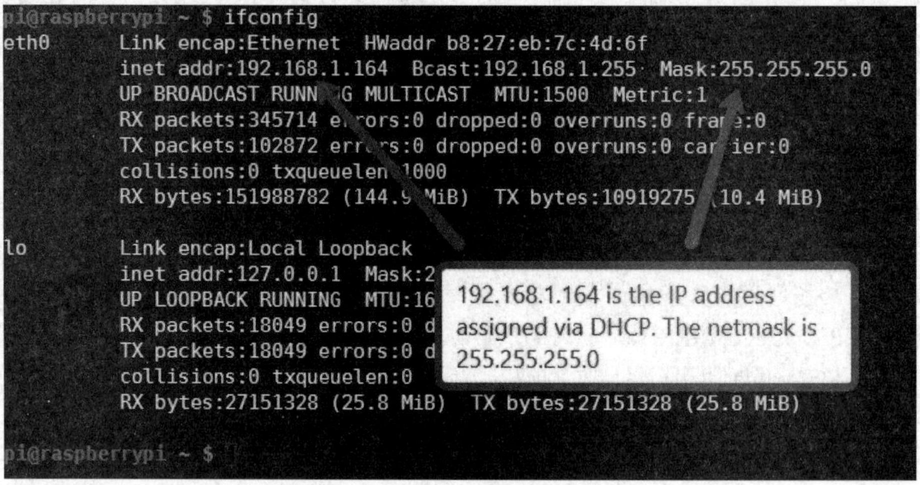

图 6.13　IP 地址图

6.3.7　PWM 信号控制舵机

PWM（Pulse Width Modulation）又称脉冲宽度调制（简称脉宽调制），是将模拟信号变换为脉冲的一种技术，一般变换后脉冲的周期固定,但脉冲的占空比会依模拟信号的大小而改变。利用手机来控制舵机的转向主要是通过 PWM 完成的。

在模拟电路中，模拟信号的值可以连续进行变化，在时间和值的幅度上都几乎没有限制，基本上可以取任何实数值，输入与输出也呈线性变化。所以在模拟电路中，电压和电流可直接用来进行控制对象，例如家用电器设备中的音量开关控制、采用卤素灯泡灯具的亮度控制等。

首先选一个主控，这里不推荐使用树莓派作为主控，因为树莓派的 Linux 系统无法产生真正的 PWM 信号，而只能通过软件模拟出 PWM 信号，因此在实际的操作中常会由此出现问题。对于初学硬件的读者来说，可以使用 Arduino 作为主控，在 Arduino 系统库中就有能够输出 PWM 信号的系统库文件，对开发者来说只要调用系统文件的函数即可。下面是一个 Arduino 输出 PWM 信号的例子。

```
1   #include <Servo.h>
2   Servo myservo;                    // 创建舵机对象来控制舵机
3                                      // 最多可以创建八个舵机对象
4   int pos = 0;                       // 定义变量用于存储舵机位置
5   void setup()
6   {
7       myservo.attach(9);            // 将引脚 9 上的舵机装置附加到舵机对象上
8   }
9   void loop()
10  {
```

```
11      for(pos = 0; pos < 180; pos += 1)          // 旋转从 0～180°
12      {                                          // 逐渐旋转 1 度
13          myservo.write(pos);                    // 告诉舵机转到变量 pos 的位置
14        delay(15);                               // 等待舵机到达位置延时 15ms
15      }
16      for(pos = 180; pos>=1; pos-=1)             // 旋转从 0～180°
17      {
18          myservo.write(pos);                    // 使舵机转到变量 pos 的位置
19          delay(15);                             // 等待舵机到达位置延时 15ms
20      }
21    }
```

在上面的例子中使用到一些控制舵机的基本函数，在表 6.3 中分别加以介绍。

表 6.3　控制舵机的基本函数

函数	说明
attach()	设定舵机的接口，只有 9 或 10 接口可利用
write()	用于设定舵机旋转角度的语句，可设定的角度范围是 0～180°
writeMicroseconds()	用于设定舵机旋转角度的语句，直接用微秒作为参数
read()	用于读取舵机角度的语句，可理解为读取最后一条 write()命令中的值
attached()	判断舵机参数是否已发送到舵机所在接口
detach()	使舵机与其接口分离，该接口（9 或 10）可继续被用作 PWM 接口

Arduino 中的接线如图 6.14 和图 6.15 所示，在实物图中，舵机 GND 为棕色线，VCC 为红色线，Signal 为橙色线；在线路图中，舵机 GND 为黑色线，VCC 为红色线，Signal 为黄色线。

图 6.14　舵机和 Arduino 连接实物图

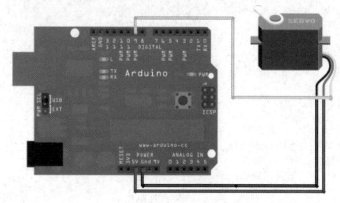

图 6.15 舵机与 Arduino 连线示意图

图 6.16 为本系统的连接图，将超声波传感器、树莓派、STM32f104 开发板、摄像头、麦克风等器件正确连接。

图 6.16 初期实验图

在系统开发过程中，为了使本系统看起来更加整齐和简洁，使用以 ABS 塑料为主要原料的外壳对系统进行封装。先根据内部器件的尺寸进行设计，完成切割后使用 AB 胶对其进行组合，并按照需要的样式留出相应的插线孔等，如图 6.17 所示。

图 6.17 视频对讲系统封装后

在完成实时视频对讲功能之后，进行项目功能测试，如图 6.18 所示。本系统的最终成品如图 6.19 所示。

图 6.18　系统功能演示图

图 6.19　视频对讲系统成品图

6.4　应用展望

近几年，随着物联网技术与智能家居的飞速发展，数字化可视化对讲系统得到广泛应用。智能家居系统是指以住宅为基础平台，兼备建筑装潢、网络通信、信息家电、设备自动化、综合布线等技术，集系统、结构、服务、管理为一体的高效、舒适、安全、便利、环保的居住环境。智能家居是今后的一个发展方向，作为智能家居的主要功能的楼宇对讲发展潜力巨大。

如今，数字化对讲已经迈出产业化进程中很重要的一步，在市场的诸多项目中得到应用。本系统的开发实现了视频对讲的数字化、智能化，其核心技术在于视频流管道的建立以及手机 APP 的控制等，开发过程比较复杂，涉及的知识比较广泛。因此，在项目实现过程中，建议在开发团队人员配备中需要包括手机应用端、服务器端和嵌入式等多领域的开发人员，开发周期大约在一个月左右。本系统对协议使用方面没有强制的要求，读者可以尝试各类协议，无论是视频流协议还是信息传输协议皆是如此。

第 7 章　烟气感知报警系统

本章导读

　　烟气感知报警系统是通过监测烟气的浓度实现火灾防范的，被广泛应用在城市安防、小区、工厂、公司、学校、家庭、别墅、仓库、石油、化工、燃气输配等众多领域。本系统使用的各种传感器在现实生活中应用十分广泛。各种传感器的存在和发展，让物体有了触觉、味觉和嗅觉等感官，让物体慢慢变得活了起来。在现代社会，许多事物的感知并不能简单通过人的感官来感知，所以，传感器的发展与应用变得越来越重要。

　　本章我们将学习以下内容：

- 烟气感知的知识
- 烟气报警的知识
- Arduino 的基本用法

7.1　项目简介

7.1.1　背景介绍

　　随着经济的日益发展，安全问题对社会生产、人们生活来说显得尤为重要。由于人为疏忽和不可抗拒的原因造成的伤亡事故不计其数。自全球工业化以来，世界各地均爆发过大规模的烟气污染事件，这些事件不仅造成巨大的生命、财产损失，而且对大气环境造成了不可低估的危害。此外，因报警不及时而造成的伤害更是难以估量。历史上最严重的是 1952 年 12 月发生在英国的"伦敦烟雾事件"（如图 7.1 所示），工厂生产和居民燃煤取暖所排出的废气都积聚在整个城市上空，难以扩散消失。伦敦城被黑雾笼罩持续时间长达 6 天，之后黑雾被强劲的西风吹散。在此期间，伦敦空气中的污染物浓度持续上升，人们纷纷出现胸闷、头晕等不适感，据英国官方统计，在大雾过去之后有上万人死于呼吸系统疾病，成为 20 世纪十大环境公害事件之一。

图 7.1　伦敦大雾

本章开发了一套烟气感知报警系统，主要检测空气中的两种有害物质：一种是一氧化碳，另一种是烟气。本系统将会在发现烟气浓度超标、一氧化碳浓度超标或者温度过高之后发出报警的提示，对火灾提前预警，以提高安全生产生活能力。

据报道，大多数火灾造成的伤亡都是因燃烧造成的有毒气体进入呼吸系统而导致的，很少是被烧伤而致死的。如图 7.2 和图 7.3 所示为工厂和高楼发生火灾冒出滚滚浓烟。一氧化碳（CO）是一种对血液与神经系统毒性很强的污染物。烟雾中的一氧化碳通过呼吸系统进入人体，与血红蛋白的结合会导致机体组织因缺氧而坏死，严重的则可能危及生命。

图 7.2　工厂火灾

图 7.3　高楼火灾

根据我国公安部消防局公布的 2016 年上半年火灾统计情况来看，全国共接报火灾 17.2 万起，死亡 911 人，受伤 756 人，已核直接财产损失 19.2 亿元，其中较大火灾 38 起。火灾事故原因（已查明）前两位分别是电气（48392 起，占比 28.2%）、生活用火不慎（31045 起，占比 18.1%），如图 7.4 所示。

图 7.4　2016 年上半年火灾事故原因统计图

当今，火灾是世界各国人民所面临的一个共同的灾难性问题，它给人类社会造成了生命、财产的严重损失。随着社会生产力的发展，社会财富日益增加，火灾损失上升及火灾危害范围扩大的总趋势是客观事实。据联合国"世界火灾统计中心"提供的资料介绍，发生火灾的损失，美国不到 7 年翻一番，日本平均 16 年翻一番，中国平均 12 年翻一番。全世界每天发生火灾 1 万多起，造成数百人死亡。

随着社会经济的发展和生活水平的提高，各种场合的电子设备大多长期处于运行状态，电气设备过载、过热、短路的火灾隐患较多，同时火灾过程的复杂性和火灾的损失也越来越大。火灾自动探测报警系统作为早期探测火灾，将火灾遏制在萌芽状态的重要设备，是实现防消结合、预防为主的消防策略的重要手段。目前市场上常见的各种火灾报警器如图 7.5 所示。随着微电子技术、传感器技术、通信和网络技术的飞速发展，使火灾探测报警时间的提前、火灾探测报警可靠性的提高、火灾探测报警系统的网络化等都成为可能。用最小的代价实现可靠的火灾探测报警，使火灾损失降到最低限度，是火灾探测报警追求的一个重要的性能指标。

图 7.5 各种常见的火灾报警器

目前，一些楼宇或公共场所都配有火灾声光警报器，用于产生事故的现场的声音报警和闪光报警，尤其适用于报警时能见度低或事故现场有烟雾产生的场所。当现场发生火灾并确认后，安装在现场的火灾声光警报器可由消防控制中心的火灾报警控制器启动，发出强烈的声光报警信号，以达到提醒现场人员注意的目的。直至目前为止，我国的火灾报警技术依旧不够成熟，仍然存在着许多漏洞。例如，智能化程度较低、准确度较差等。虽然我国的火灾报警器都进行了智能化设计，但是由于对传感器件的阐述、解析较少，软件开发还不够成熟，以至于火灾报警系统难以准确地判断出火灾的等级、烟气的浓度等数据，造成误判、漏报。

7.1.2 烟气感知报警的体系结构

通过一氧化碳传感器接收到所测区域内的一氧化碳浓度，通过温度传感器测得一定区域内的温度，再通过烟雾传感器测得空气中的烟雾浓度；所测得的基础数据传输到 Arduino 中，在 Arduino 中进行数据的分析和处理；最终，传输到外部传感器、蜂鸣器和 LED 灯进行实时报警，如图 7.6 所示。

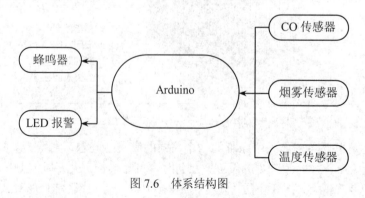

图 7.6 体系结构图

7.2　项目设计

7.2.1　Arduino 介绍

Arduino 是一种开源的基于电子平台的易于使用的硬件和软件。它可用于任何互动项目，拥有容易输入与输出的界面。结合一些电子元件，就可以做出一些简单的作品，十分适用于初学者学习与应用。Arduino 能够通过各式各样的传感器等器件来感应外部环境的一些变化，再配以灯光、显示屏、马达等器件来进行反馈，把一些人的感觉不容易感知的变化形象地展示出来，从而达到方便观测的目的。Arduino 是一款非常容易上手的单片机，如图 7.7 所示。

图 7.7　Arduino 单片机

每一个 Arduino 程序都必须拥有两个过程：void setup(){}和 void loop(){}。void setup(){}中的代码在导通电源时会执行一次，而 void loop(){}中的代码会不断执行。

7.2.2　温度传感器（LM35）

LM35 是美国国家半导体公司（NS 公司）生产的系列精密集成电路温度传感器，其输出电压与摄氏温度呈线性关系（如图 7.8 所示），0℃ 时输出为 0V，每升高 1℃，输出电压增加 10mV。其转换公式：

$$V_{out\_LM35}(T)=10mV/℃*T℃$$

LM35 有多种不同封装形式，在常温下，LM35 不需要额外的校准处理即可达到±1/4℃的准确率。其电源供应模式有单电源与正负双电源两种，正负双电源的供电模式可提供负温度的测量。在静止温度中自热效应低（0.08℃），单电源模式在 25℃下静止电流约为 50μA，工作电压较宽，可在 4～20V 的供电电压范围内正常工作，非常省电。LM35 温度传感器的体积非常小，大约长 28mm、宽 12mm、高 10mm，如图 7.9 所示。

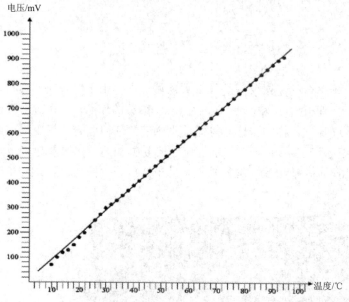

图 7.8 LM35 温度随电压变化曲线

图 7.9 LM35 温度传感器

LM35 温度传感器的相关参数如下：

（1）线性变化系数：+10mV/℃。

（2）低功耗：小于 60μA。

（3）温度测量范围：0～100℃。

（4）温度测量精度：±0.5℃。

（5）宽工作电压范围：DC4～30V。

（6）线性模拟信号输出：0～1V。

（7）TTL 电平信号输出：高电平 3.8V，低电平 0V，DC5V 供电为例。

（8）工作电压：直流 4～30V。

7.2.3 气体传感器（MQ-7）

MQ-7 是一种对一氧化碳具有很高灵敏度和良好选择性，具有可靠的稳定性的气体传感装置，特点是长寿命、低成本，只需要简单的驱动电路即可正常工作。可以广泛应用于工业用一氧化碳气体报警器、便携式气体检测装置、家用气体报警器等器件中。

MQ-7 传感器气室采用活性炭过滤层，可改善传感器的选择性。报警系统一氧化碳浓度的测量是关键，针对监测室内一氧化碳浓度的大概范围，选用了一种专门用于一氧化碳气体浓度检测的 MQ-7 传感器（如图 7.10 所示），该传感器是一种半导体气体传感器，采用全微电子工艺制成，其对一氧化碳响应的选择性好，在信号采集的同时自动进行温度补偿，并具有灵敏度高、性能稳定等特点。

图 7.10 MQ-7 传感器实物图

1．工作原理

MQ-7 气体传感器的气敏材料使用清洁空气中电导率低的二氧化锡（SnO$_2$），采用高低温循环检测方式：低温（1.5V 加热）检测一氧化碳，传感器的电导率随空气中一氧化碳气体浓度的增加而增大，高温（5.0V 加热）清洗低温时吸附的杂散气体。使用简单的电路即可将电导率的变化转换为与该气体浓度相对应的输出信号，其内部电路如图 7.11 所示。MQ-7 传感器为四端元件，其中 2、4 引脚为加热器的电源接线端，1、3 引脚为传感器的输出端。

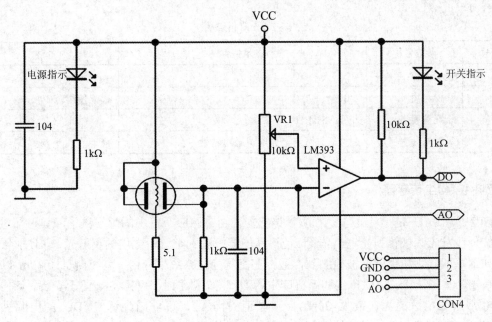

图 7.11 MQ-7 气体传感器内部电路图

2．主要参数

（1）工作温度：20℃±2℃。

（2）环境相对湿度：65%±5%。

（3）探测范围：10ppm～1000ppm。

（4）相对湿度：小于 95%RH。

（5）工作电压：VCC=5.0V±0.1V，VH（高）=5.0V±0.1V，VL（低）=1.5V±0.1V。

（6）标准工作条件（见表 7.1）。

表 7.1 标准工作条件

符号	参数名称	技术条件	备注
VCC	回路电压	≤10V	DC
VH（H）	加热电压（高）	5.0V±0.2V	AC 或 DC
VL（L）	加热电压（低）	1.5V±0.1V	AC 或 DC
RL	负载电阻	可调	
RH	加热电阻	31Ω±3Ω	室温

续表

符号	参数名称	技术条件	备注
TH（H）	加热时间（高）	60±1s	
TL（L）	加热时间（低）	90±1s	
PH	加热功耗	约350MW	

（7）环境条件（见表7.2）。

表7.2 环境条件

符号	参数名称	技术条件	备注
Tao	使用温度	-10℃～+50℃	
Tas	存储温度	-20℃～+70℃	建议使用范围
RH	相对湿度	小于95%RH	
O_2	氧气浓度	21%氧气浓度会影响灵敏度特性	最小值大于2%

7.2.4 粉尘传感器

GP2Y1010AU 是一款光学空气质量传感器，用来感应空气中的尘埃粒子，其内部对角安放着红外线发光二极管和光电晶体管，使得其能够探测到空气中尘埃的反射光，即使非常细小的，如烟草烟气颗粒也能够被检测到，适合在空气净化系统中应用。其可测量 0.8μm 以上的微小粒子，感知花粉、房屋粉尘和烟草产生的烟气等，体积小、重量轻、便于安装。该传感器具有非常低的电流消耗（最大 20mA，典型值 11mA），可使用高达 7VDC 的电源供电。GP2Y1010AU0F 输出为模拟电压，其值与粉尘浓度成正比。GP2Y1010AU 传感器实物如图 7.12 所示，插上电源后 1 秒内会稳定、正常地运作，可以检出烟尘的浓度。

图 7.12 粉尘传感器实物图

空气污染指数，就是根据环境空气质量标准和各项污染物对人体健康、生态、环境的影响，将常规监测的几种空气污染物浓度简化成为单一的概念性指数值形式，它将空气污染程度和空气质量状况分级表示，适合表示城市的短期空气质量状况和变化趋势。针对单项污染物还规定了空气质量分指数。参与空气质量评价的主要污染物为细颗粒物、可吸入颗粒物、二氧化硫、二氧化氮、臭氧、一氧化碳等六项。随着人们对空气质量的关注度不断提高，不少创客开始自己动手设计制作空气环境检测装置，GP2Y1010AU 粉尘传感器是一个不错的选择，其价格低廉、检测灵敏度高，主要参数如下：

（1）电源电压：5～7V。

（2）消耗电流：20mA，最大。

（3）最小粒子检出值：0.8μm。

（4）灵敏度：0.5V/(0.1mg/m³)。

（5）清洁空气中电压：0.9V，典型值。

（6）工作温度：-10℃～65℃。

（7）存储温度：-20℃～80℃。

（8）使用寿命：5 年。

（9）尺寸大小：46mm×30mm×17.6mm。

（10）重量大小：15g。

利用 GP2Y1010AU0F 粉尘传感器测量浓度值与输出电压几乎呈线性关系。有公式：dustDensity = 0.17 * calcVoltage - 0.1，这个公式曲线近似转换过来（来自 Chris Nafis），如图 7.13 所示。这里 dustDensity 是粉尘密度值，单位为 mg/m³；calcVoltage 是输出电压值。

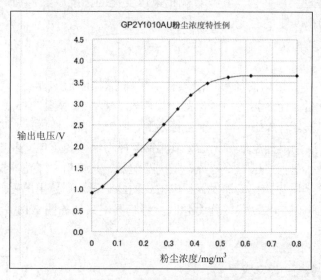

图 7.13　粉尘浓度特性

粉尘传感器是如何判断烟气与香烟的呢？一般来说，香烟的烟是细微粒子，密度高，会扩散式地大范围漂移。与此相比，灰尘是一个一个大颗粒，密度低，断断续续式地进入灰尘传感器的检出领域。如图 7.14 所示，烟是连续地表现出较高的输出电压，灰尘是间隔地表现出较高的输出电压。因此，根据传感器的输出电压值（发光素子和已同期的脉冲输出电压值）在时间上的推移向微机软件读取是否无尘、是否有烟、是否有灰尘，不管是哪种状态以及空气污染的程度如何，都可以检出相当于香烟的烟那样的检出物。

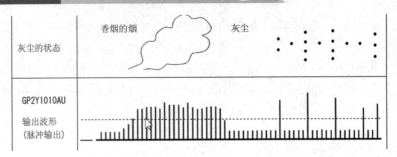

图 7.14　GP2Y1010AU0F 粉尘传感器辨别不同物质

（1）关于香烟的检出与判定值。

相当于香烟的烟那样的检出物，按如下表示。

可以检出的范围（输出电压可变范围（V））=输出电压范围：VoH（V）-无尘时输出电压：Voc(V)。

将此换算成粉尘浓度：

检出粉尘浓度范围（mg/m³）=检出可能范围（输出电压可变范围（V））÷检出感度：K(V/(0.1mg/m³)。

烟检出的情况下，其判定值如下：

判定值=检出浓度（mg/m³）÷10×K（V/（0.1mg/m³）+无尘时输出电压（V））

（2）灰尘的检出。

灰尘的检出是在规定时间内，在某一输出电压变化的标准以上，判定在某一时间的输出被记录情况，从而检出灰尘的有无。

7.2.5　蜂鸣器介绍

蜂鸣器是一种一体化结构的简单电子器件，采用直流电压供电，广泛应用于报警器、电子玩具、汽车电子设备、定时器等电子产品中用作发声器件，如图 7.15 所示。蜂鸣器分为有源蜂鸣器和无源蜂鸣器。有源蜂鸣器内部带振荡源，所以只要一通电就会叫，而无源蜂鸣器内部不带振荡源，所以如果用直流信号无法令其鸣叫。蜂鸣器分为压电式和电磁式两大类：压电式蜂鸣器主要由多谐振荡器、压电蜂鸣片、阻抗匹配器、共鸣箱、外壳等组成。它是以压电陶瓷的压电效应来带动金属片的振动而发声；电磁式的蜂鸣器，则是用电磁的原理，通电时将金属振动膜吸下，不通电时依振动膜的弹力弹回，蜂鸣器电路图如图 7.16 所示。

图 7.15　蜂鸣器实物图

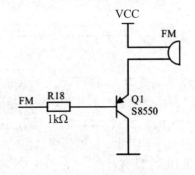

图 7.16　蜂鸣器电路图

7.3　项目开发

1. 设置波特率

波特率就是单片机或计算机在串口通信时的速率。简而言之，就是给计算机和 Arduino 之间一个相同的速率，即调制速率，指的是信号被调制以后在单位时间内的变化，即单位时间内载波参数变化的次数。它是对符号传输速率的一种度量，1 波特即指每秒传输 1 位二进制代码的位数。在这里，设置为 9600 波特率。波特率的设置一般是在 setup()中，代码如下：

```
Serial.begin(9600);
```

2. 测量温度

对于温度的采集，使用的是 LM35 温度传感器，通过传感器的采集，把收集到的数据传输到 Arduino 中，再通过 Arduino 的分析计算，显示到串口调试中。

（1）连接方法。

LM35 有文字的面为正面，将最左边的引脚连接到 VCC（5V 电压），中间引脚连接到模拟端口 A0，最右边引脚连接到 GND（接地），如图 7.17 所示。实物连接图如图 7.18 所示。

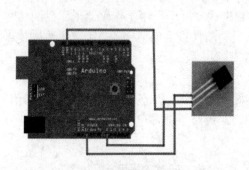

图 7.17　温度传感器连接图　　　　　　图 7.18　温度传感器实物连接图

（2）详细代码。

温度传感器测试程序如下：

```
1     /*
2     *温度传感器测试程序
3     *打印温度到串口调试器
4     */
5     int lmVal;                          //定义 lmVal 为从模拟口 0 读取的电压值
6     double lmData;                      //定义 lmData 是计算所得的温度值
7     lmVal =analogRead(0);              //LM35 连到模拟口，并从模拟口读值
8     lmData = (double) lmVal * (5/10.24); //得到数据值，通过公式换成温度
9     Serial.print("Temperature is:");    //打印数据到串口调试器
10    Serial.println(lmData);
```

打印温度到串口调试器，调试结果如图 7.19 所示。

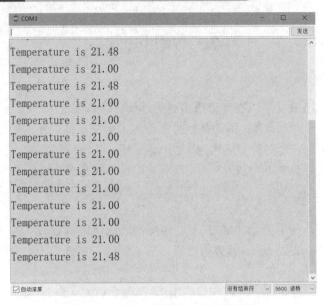

图 7.19　温度传感器串口调试结果图

3. 测量一氧化碳浓度

在测量一氧化碳的时候采用的是 MQ-7 传感器（该传感器广泛应用于 CO 的测量），在检测时，由于需要预热，因此应该是 3～4 分钟之后的数据比较准确。由于传感器采集到的信号是模拟信号，因此我们需要转换公式换算成浓度。然后与软件设定的值比较，确定出浓度是否超标进而进行对应的处理。

（1）连接方法。

MQ-7 传感器一共有四个引脚，自左向右依次连接，第一个引脚连接 A0 口，读取模拟值，第二个引脚连接 D0 口，第三个引脚连接 GND（接地），第四个引脚连接到 VCC（5V 电压），如图 7.20 所示。实物连接图如图 7.21 所示。

图 7.20　一氧化碳传感器连接图

图 7.21　一氧化碳传感器实物连接图

（2）详细代码。

一氧化碳传感器测试程序通过与正常值比较得出是否符合环境安全标准，详细代码如下：

```
1    /*
2    *一氧化碳传感器测试程序
3    *通过与正常值比较，得出是否符合
4    *环境安全标准
5    *打印测得的一氧化碳浓度到串口调试器
6    */
7    float coSensorValue;              //定义 coSensorValue 是从模拟口得到的数据
8    float coSensorVoltage;            //定义 coSensorVoltage 是计算所得的电压值
9    coSensorValue = analogRead(A0);   //MQ-7 连到模拟口，并从模拟口读值
10   coSensorVoltage = sensorValue/1024*5.0;  //得到模拟值，通过公式换算成电压
11   coSensorVoltage= coSensorVoltage*200
12   Serial.print("Concentration is:");  //打印数据到串口调试器
13   Serial.print(coSensorVoltage);
14   Serial.print("ppm");
```

打印测得的一氧化碳浓度到串口调试器，调试结果如图 7.22 所示。

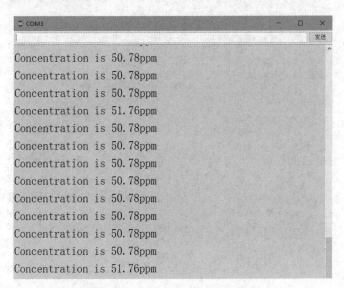

图 7.22　一氧化碳串口调试结果图

4. 测量烟气

在烟尘的测量中，使用的是夏普公司的 GP2Y1014AU 粉尘传感器。粉尘传感器使用时，注意要正确连接引脚，由于引脚众多，所以需要进行仔细的连接。

（1）连接方法。

在粉尘传感器正面，从左至右一共有六个接口。第一个接口为 V-LED，连接到 Arduino 的 VCC（5V 电压）；第二个接口为 LED-GND，需要连接到 GND（接地）；第三个接口为 LED，直接连接到 D0 口；第四个接口为 S-GND，需要连接到 GND（接地）；第五个接口为 VO，需要连接到 A0 口；第六个接口为 VCC，需要连接到 VCC（5V 电压）。烟尘传感器测量连接图如图 7.23 所示，实物连接图如图 7.24 所示。

图 7.23　烟尘传感器测量连接图

图 7.24　烟尘传感器实物连接图

（2）详细代码。

烟尘传感器测试程序通过与正常值比较得出是否符合环境安全标准，打印烟尘浓度到串口调试器，详细代码如下：

```
1    /*
2    *烟尘传感器测试程序
3    *通过与正常值比较，得出是否符合
4    *环境安全标准
5    *打印烟尘浓度到串口调试器
6    */
7    int potPin0=0;                                      //设置模拟口 A0 为粉尘传感器接口
8    int PM = 0;                                         //设置模拟口 D0 为粉尘传感器接口
9    float dustVal;                                      //定义 dustVal 为从 A0 口得到的数据
10   digitalWrite(PM,LOW);                              //把 D0 口置低位
11   delayMicroseconds(280);                            //延迟 280 微秒
12   dustVal=analogRead(potPin0);                       //从 A0 口得到数据
13   delayMicroseconds(40);                             //延迟 40 微秒
14   digitalWrite(PM,HIGH);                             //把 D0 口置高位
15   delayMicroseconds(9680);                           //延迟 9680 微秒
16   Serial.println((float(dustVal/1024)-0.0356)*120000*0.035);   //计算浓度并输出
```

5．蜂鸣器

（1）连接方法。

使用的蜂鸣器为 5V 有源蜂鸣器。有源蜂鸣器有两个引脚，分别为连接电源和连接模拟口。在蜂鸣器中，长的为电源，需要连接 VCC（5V 电压），较短的为模拟口，连接 DO 口，如图 7.25 所示。实物连接图如图 7.26 所示。

（2）详细代码。

蜂鸣器测试程序详细代码如下：

```
1    /*
2    *蜂鸣器测试程序
3    */
4    int bee=0;                    //定义蜂鸣器为 0 口
5    digitalWrite(bee,LOW);        //把 0 口置低位
```

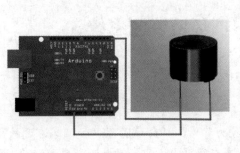

图 7.25　蜂鸣器连接图　　　　　　　　图 7.26　蜂鸣器实物连接图

7.4　应用展望

随着时代的进步和发展，传感器对生活的影响将越来越大，社会的需求也会逐渐增加。传感器作为一种常用的检测装置，能够将所感受到的外界信号通过软件的处理转换为电信号并输出，用于满足信息的显示、处理、控制、传输、存储等要求。传感器已经广泛应用于社会的发展和人们生活的各个方面，国内的传感器主要分布在机械设备制造、家用电器、科学仪器仪表、医疗卫生、电子通信、汽车等方面。几乎每个现代化项目都无法脱离传感器而独立存在。正因为有了传感器，才让物体有了嗅觉、触觉和味觉等感官，让物体渐渐变得活了起来。对于两者合成的产物烟气报警器来说，更会深入到人们的生活中，保障着人们的生活与生产安全，促进着社会文明和科技的发展，与人们息息相关。

第 8 章　仓库温湿度环境监测系统

本章导读

　　本章主要以仓库或中小型库房存储环境监控为背景,从环境温湿度和烟雾浓度的监测角度出发,采用嵌入式开发技术,通过阿里云服务器在网页上远程实时监测仓库温湿度。同时对烟雾浓度也进行监测,如果烟雾浓度超过警戒值,报警灯快速闪烁,提醒管理员迅速救火报警。本章着重向读者展示的是温湿度传感器、烟雾浓度传感器数据的采集、传输、显示的基本实现,并将此项目应用于一个现实场景中。

　　本章我们将学习以下内容:
- 了解温湿度传感器的基本原理及硬件设计方案
- 了解烟雾传感器的基本原理及硬件设计方案
- 掌握通过 Java Web 及阿里云远程获取数据并显示的方法

8.1　项目简介

　　在现代化的仓库管理中,无论是军需仓库、粮食仓库还是一般的物料食品仓库,其内部温度和湿度的信息对于仓库的防火、防潮和防霉都具有非常重要的参考价值,对温湿度的监测和控制已成为生产过程中非常重要的技术。随着我国经济的快速稳定发展,在库房或仓库管理中不管是针对食品还是其他物资的存放环境都提出了非常高的要求,存储条件或环境的好坏直接影响到存储质量与环境安全。因此,温湿度监测对于现代化仓库管理具有非常重要的意义,为仓库的智能化管理提供及时有效的信息源,为仓库的防火、防潮和防霉工作提供基本的信息依据。

　　通常大型仓库都具有一套复杂的环境监测系统,这类监控系统主要采用计算机复杂控制系统,存在系统庞大、成本高等问题,不利于推广和应用。针对当前各类中小型仓库或库房的存储环境,本章将设计并实现一款低成本、高效能、使用便捷的监测系统,通过监测环境温度、湿度、烟雾浓度这几个重要指标来第一时间获悉火灾的发生,以实现对库房或仓库存储环境的监控与管理。本项目以仓库温湿度监控为研究点,但可以作为一个通用的数据远程监控系统,通过对传感器的更换和系统设计的改善,可应用于各种工农业生产现场、家庭楼宇和医疗行业各种传感器信息的监控,具有高度的可移植性。

8.2　项目设计

8.2.1　运行流程

　　本系统运用嵌入式开发技术,通过温湿度传感器监测、监控环境温度和湿度,通过阿里云服务器在网页上实时远程监测仓库温湿度，并且如果烟雾浓度超过警戒值，报警灯将快速闪烁，提醒管理员迅速救火报警。本系统实验运行效果如图 8.1 所示。

图 8.1　运行效果图

8.2.2　系统功能运行流程

如图 8.2 所示，在货品仓库放置事先设置好的温湿度传感器和烟雾传感器，获取温湿度信息，通过 Wi-Fi 模块连接万维网上传取得的数据信息，将信息通过 Socket 套接字方法传送到云服务器，云服务器获取信息后将数据存储到 MySQL 数据库中，最后通过 servlet/jsp 技术在网页中展示温湿度信息。

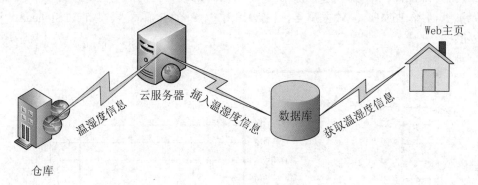

图 8.2　系统功能运行流程

8.2.3　数据流程详解

（1）数据获取，如图 8.3 所示。

图 8.3　数据获取

（2）后台数据抽取，如图 8.4 所示。

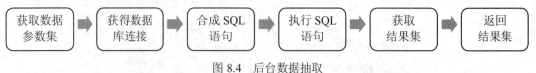

图 8.4　后台数据抽取

（3）前台展示，如图 8.5 所示。

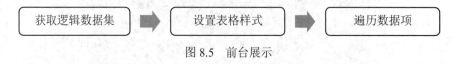

图 8.5　前台展示

8.3　项目开发

8.3.1　材料准备

1. Arduino UNO

Arduino UNO 是 Arduino USB 接口系列的最新版本，原理图如图 8.6 所示，作为 Arduino 平台的参考标准模板。UNO 的处理器核心是 ATmega328，同时具有 14 路数字输入/输出、6 路模拟输入、1 个 16MHz 晶体振荡器、1 个 USB 口、1 个电源插座、1 个 ICSP header 和一个复位按钮。

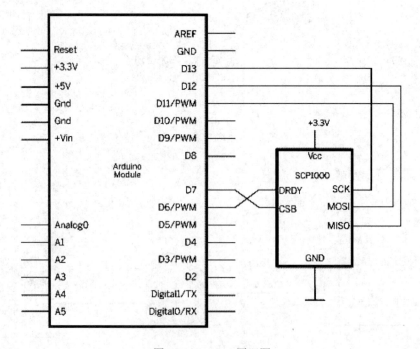

图 8.6　Arduino 原理图

2. DHT11 数字温湿度传感器

DHT11 数字温湿度传感器（如图 8.7 所示）是一款含有已校准数字信号输出的温湿度复合传感器。它应用专用的数字模块采集技术和温湿度感应技术，确保产品具有极高的可靠性与卓越的长期稳定性。传感器包含一个电容式感湿元件和一个 NTC 测温元件，并与高性能 8 位单片机相连接。因此该产品具有响应快、抗干扰能力强、性价比高等优点。每个 DHT11 都在极为精确的湿度校验室进行校准。校准系数以程序的形式存储在 OTP 内存中，传感器内部在检测信号的处理过程中要调用这些校准系数。

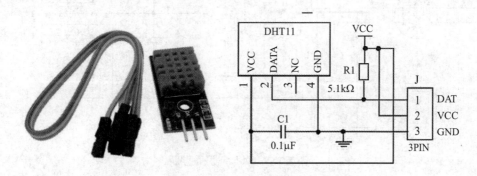

图 8.7　DHT11 温湿度传感模块外形及原理图

3. MQ2 气敏传感器

气敏传感器（如图 8.8 所示）是一种能够检测气体的特定成分或浓度，然后将其转换成电信号的电子装置。MQ2 传感器对于各种常见可燃气体（如丙烷、甲烷、一氧化碳等）灵敏度较高，对气体、可燃蒸汽的检测也较为灵敏，其本身材料成本低、稳定性高、可存在于各种环境中，通过 3P 传感器连接线直接连接到 Arduino 传感器拓展板，与蜂鸣器模块结合，实现烟雾报警功能。

图 8.8　MQ2 气敏传感器

MQ2 气敏传感器属于二氧化锡半导体气敏材料，属于表面离子式 N 型半导体。处于 200℃～300℃时，二氧化锡吸附空气中的氧，形成氧的负离子吸附，使半导体中的电子密度减少，从而使其电阻值增加。当 MQ2 传感器所处的环境中存在可燃性气体时，因二氧化锡晶体缺陷，即 O 空位提供的电子产生载流子，会随可燃气体的浓度增加而导电率增强。此时，使用简易的电路就可以将导电率直接转换成该气体浓度或比重的相关电信号输出，如图 8.9 所示。当与烟雾接触时,如果晶粒间界处的势垒受到烟雾的调制作用而变化,就会引起表面导电率的变化。利用这一点就可以获得这种烟雾存在的信息,烟雾的浓度越大,导电率越大,输出电阻越低,则输出的模拟信号就越大。

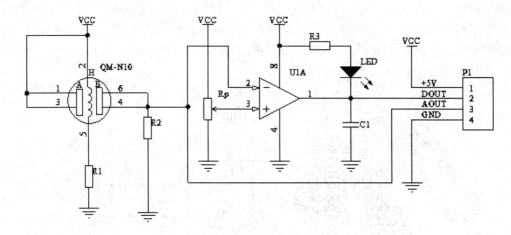

图 8.9　气敏传感器原理图

8.3.2　开发环境搭建

操作系统环境:Windows

数据库选择:MySQL

开发工具:MyEclipse10

本地调试服务器:Tomcat

应用服务器:阿里云

开发语言:Java

8.3.3　开发过程

1. DHT11 温湿度模块

(1)模块描述。

温湿度传感器采用 DHT11,可以监测周围环境的湿度和温度,有红色电源指示灯,每套重量约为 8g,设有固定螺栓孔,方便安装。具体参数如下:

- 湿度测量范围:20%～95%(0～50℃范围);湿度测量误差:±5%。
- 温度测量范围:0～50℃,温度测量误差:±2℃。
- 工作电压:3.3V～5V。
- 输出形式:数字输出。
- 小板 PCB 尺寸:3.2cm×1.4cm。

(2)模块接口说明(3 线制)。

- VCC:外接 3.3V～5V。
- GND:外接 GND。
- DO:小板开关数字量输出接口,接单片机 I/O 口。

（3）接口说明。

建议连接线长度短于 20m 时用 5kΩ 上拉电阻，大于 20m 时根据实际情况使用合适的上拉电阻。

（4）电源引脚。

DHT11 的供电电压为 3V～5.5V。传感器上电后，要等待 1s 以越过不稳定状态，在此期间无需发送任何指令。电源引脚（VDD、GND）之间可增加一个 100nF 的电容，用以去耦滤波。

（5）测量分辨率。

测量分辨率分别为 8bit（温度）、8bit（湿度）。

（6）电气特性。

VDD=5V，T = 25℃，除非特殊标注，电气特性如表 8.1 所示。

表 8.1　DHT11 的电气特性

参数	条件	min	typ	max	单位
供电	DC	3	5	5.5	V
供电电流	测量	0.5		2.5	mA
	平均	0.2		1	mA
	待机	100		150	μA
采样周期	秒	1			次

注：采样周期间隔不得低于 1 秒。

（7）DHT11 引脚说明。

DHT11 产品为 4 针单排引脚封装。它连接方便，特殊封装形式可根据用户需求而提供。引脚说明如表 8.2 所示。

表 8.2　DHT11 的引脚说明

引脚	名称	注释
1	VDD	供电 3～5.5VDC
2	DATA	串行数据，单总线
3	NC	空脚，请悬空
4	GND	接地，电源负极

（8）注意事项：气体的相对湿度，在很大程度上依赖于温度。因此在测量湿度时，应尽可能保证湿度传感器在同一温度下工作。如果与释放热量的电子元件共用一个印刷线路板，在安装时应尽可能将 DHT11 远离电子元件，并安装在热源下方，同时保持外壳的良好通风。长期保存条件：温度 10℃～40℃，湿度 60% 以下。

（9）源代码。

```
1      //****需要下载 DHT11 库文件*******
2      double Fahrenheit(double celsius)
3      {
4             return 1.8 * celsius + 32;
```

```
5         }       //摄氏温度转化为华氏温度
6    double Kelvin(double celsius)
7    {
8             return celsius + 273.15;
9    }       //摄氏温度转化为开氏温度
10   // 露点（在此温度时，空气饱和并产生露珠）
11   double dewPoint(double celsius, double humidity)
12   {
13            double A0= 373.15/(273.15 + celsius);
14            double SUM = -7.90298 * (A0-1);
15            SUM += 5.02808 * log10(A0);
16            SUM += -1.3816e-7 * (pow(10, (11.344*(1-1/A0)))-1) ;
17            SUM += 8.1328e-3 * (pow(10,(-3.49149*(A0-1)))-1) ;
18            SUM += log10(1013.246);
19            double VP = pow(10, SUM-3) * humidity;
20            double T = log(VP/0.61078);      // temp var
21            return (241.88 * T) / (17.558-T);
22   }
23   // 快速计算露点，速度是 5 倍 dewPoint()
24   double dewPointFast(double celsius, double humidity)
25   {
26            double a = 17.271;
27            double b = 237.7;
28            double temp = (a * celsius) / (b + celsius) + log(humidity/100);
29            double Td = (b * temp) / (a - temp);
30            return Td;
31   }
32     #include <dht11.h>
33   dht11 DHT11;
34   #define DHT11PIN 2
35   void setup()
36   {
37     Serial.begin(9600);
38       ……
39   }
40   void loop()
41   {
42       ……
43   }
```

2. MQ2 气敏传感器

（1）模块描述。

MQ2 采用优质双面板设计，具有电源指示和 TTL 信号输出指示；具有 DO 开关信号（TTL）输出和 AO 模拟信号输出；TTL 输出有效信号为低电平（当输出低电平时信号灯亮，可直接接单片机或继电器模块）；模拟量输出电压随浓度增高电压增高。对液化气、天然气、城市煤气、烟雾有较好的灵敏度。有四个螺丝孔，便于定位；产品外形尺寸：32（L）×20（W）×

22（H）；具有长期的使用寿命、可靠的稳定性、快速响应恢复特性。

（2）模块接口说明。

- VCC：接电源正极（5V）。
- GND：接电源负极。
- DO：TTL 开关信号输出。
- AO：模拟信号输出。

（3）MQ2 引脚说明（见表 8.3）。

表 8.3　MQ2 引脚说明

引脚	名称	注释
1	VDD	供电 5VDC
2	DO	TTL 开关信号输出
3	A0	模拟信号输出
4	GND	接地，电源负极

（4）电气特性（见表 8.4）。

表 8.4　MQ2 电气特性

参数	条件	min	typ	max	单位
供电	DC	3	5	5.5	V
供电电流	测量	0.5		2.5	mA
	平均	0.2		1	mA
	待机	100		150	μA
采样周期	秒	20			次
AO 输出	DC	0.1		0.4	V

（5）注意事项：

- 传感器通电后，需要预热 20s 左右，测量的数据才稳定，传感器发热属于正常现象，因为内部有电热丝。
- 加热电压的改变会直接影响元件的性能，所以在规定电压范围内使用最佳。
- 环境温湿度的变化会给元件电阻带来小的影响，可进行湿度补偿，最简便的方法是采用热敏电阻补偿。
- 传感器要避免暴露在有硅粘接剂、发胶、硅橡胶、腻子或其他含硅塑料的添加剂存在的地方。

（6）源代码。

```
1    /*烟雾浓度越大时 LED 闪烁频率越高，烟雾浓度降低时 LED 闪烁频率降低，烟雾浓度为标准
2    浓度时 LED 灯关闭。*/
3    *********/
4    //*****MQ2*********
5    //烟雾浓度高报警灯闪烁
```

```
6     int led = 12;
7     void setup() {
8         //定义当前的端口为输出端口
9         pinMode(led, OUTPUT);
10    }
11    void loop() {
12        //获取 MQ2 传感器模拟端口的读数
13        int val = analogRead(0);
14        //如果大于 400 则以 10ms 的间隔闪烁
15        if(val > 400){
16          blinkLED(10);
17        }else if(val > 300 && val < 400){
18                //如果大于 300 小于 400 则以 100ms 的间隔闪烁
19          blinkLED(100);
20        }else if(val < 300 && val > 200){
21          blinkLED(1000);
22        }else{        //否则关闭
23          digitalWrite(led, LOW);
24        }
25    }
26    //闪烁函数
27    unsigned int blinkLED(int period){
28        unsigned long time = millis();
29        unsigned int signal;
30        if((time / period) % 2 == 0){
31          digitalWrite(led, HIGH);
32        }else{
33          digitalWrite(led, LOW);
34        }
35    }
```

3．软件功能模块

（1）运用 Socket 套接字从传感器获取信息。

1）客户端线程。每当有一个传感器节点连接服务器打开一个新线程时，发送接收数据。

```
1                  BufferedReader in=new BufferedReader(new
2         InputStreamReader(client.getInputStream()));
3                  boolean flag=true;
4                  while(flag){
5                      String str=in.readLine();
6                      System.out.println("接收数据："+str);
7                      String []handle=str.split("_");
8                      if(handle.length<4){
9                          System.out.println("拆分结果："+handle.length+"");
10                         continue;
11                     }
12                     for(int i=0;i<3;i++){
13                         if(!handle[i].matches("\\d+")){
```

```
14                    c=false;
15                    System.out.println("数据异常："+str);
16                }
17            }
18            if(c){
19                System.out.println("保存数据："+str);
20                Node data=new Node();
21                data.setNumid(Integer.parseInt(handle[0]));
22                data.setHumidity(Float.parseFloat(handle[1]));
23                data.setTemperature(Integer.parseInt(handle[2]));
24                NodeDaoProxy pro = new NodeDaoProxy();
25                pro.addNodeData(data);
26            }}}}}
```

2）调用 ServletContextListener 接口监听 Web 应用的生命周期。

```
1   public class myServerListener implements ServletContextListener {
2       public void contextDestroyed(ServletContextEvent arg0) {
3       }
4       public void contextInitialized(ServletContextEvent arg0) {
5           new server();
6       }
7   }
```

3）Socket 服务器。

```
1   public server(){
2           try{
3               server=new ServerSocket(8888);
4               System.out.println("等待链接……");
5               while(true){
6                   client=server.accept();
7                   System.out.println("链接成功！");
8                   new Thread(new clientThread(client)).start();
9               }}
```

（2）建立数据模型，创建一个拥有对属性进行 set 和 get 方法的类（Node）放在数据容器 bean 中，并且私有化的属性必须通过 public 类型的方法暴露给其他程序。

（3）建立 MySQL 数据库，上传到服务器的温湿度数据，存储在数据库中，如图 8.10 所示。

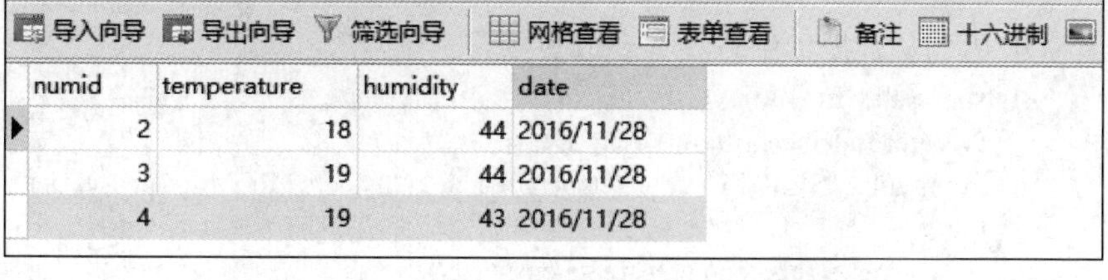

图 8.10　MySQL 数据库中的温湿度数据表

通过 Java 数据库连接（Java Database Connectivity，JDBC），连接到 MySQL 数据库，需要下载 MySQL JDBC 驱动 Connector/J，在程序中需要声明且加载数据库驱动。

```
1   public class JdbcConn {
2       private static String driver = "com.mysql.jdbc.Driver";
3       private static String url="jdbc:mysql://localhost:3306/数据库名?
4       useUnicode=true&characterEncoding=UTF-8";
5       public static Connection conn;
6       //创建一个连接数据库的方法
7       public static Connection getConnection(){//加载驱动
8           try {
9               Class.forName(driver);
10              conn = DriverManager.getConnection(url, user, pass);
11          } catch (Exception e) {
12              // TODO Auto-generated catch block
13              e.printStackTrace();
14          }
15      return conn;
16      }}
```

（4）业务逻辑层 DAO：定义操作的接口，定义一系列数据库的原子性操作标准，如增加、修改、删除、按 ID 查询等。

```
1   public interface NodeDao {
2       public void addNodeData(Node node);
3       public List<Node> getAllNodeData();
4   }
```

（5）Dao.impl：DAO 接口的真实实现类，完成具体的数据库操作，但是不负责数据库的打开和关闭。

1）向数据库插入数据。

```
1   String sql = "INSERT INTO ResponseData(numid,temperature,humidity,date) VALUES (?,?,?,?) ";
2   try {
3       pstmt = this.conn.prepareStatement(sql);
4       pstmt.setInt(1,node.getNumid());
5       pstmt.setInt(2,node.getTemperature());
6       pstmt.setFloat(3,node.getHumidity());
7       pstmt.setString(4,node.getDate());
8       if (pstmt.executeUpdate() > 0) {//  至少已经更新了一行
9           flag = true;
10      }
11  }
```

2）通过 SQL 语句从数据库中查找并获取数据。

```
1   List<Node> all = new ArrayList<Node>();
2   PreparedStatement pstmt = null;
3   String sql = "SELECT numid,temperature,humidity,date FROM ResponseData";
4   try {
5       pstmt = this.conn.prepareStatement(sql);
6       ResultSet rs = pstmt.executeQuery();        //执行查询操作
7       }
```

（6）Dao.Proxy：代理实现类，主要完成数据库的打开和关闭，并且调用真实实现类对象的操作。

```
1        List<Node> list = new ArrayList<Node>();
2        try {
3                this.dao = new NodeDaoImpl(con);
4                list = dao.getAllNodeData();
5        } catch (Exception e) {
6                e.printStackTrace();
7        }
8        return list;
```

（7）控制层使用 Servlet。

Servlet 运行在服务器端，是由 Web 服务器负责加载的，是独立于平台和协议的 Java 应用程序。JSP 改变了 Servlet 提供 HTTP 服务时的编程方式。HTTP 协议的特点是每次连接只完成一个请求，其处理过程为：建立连接、发送请求、提供服务、发送响应，最后关闭连接。

```
1    public void doGet(HttpServletRequest request, HttpServletResponse response)
2                throws ServletException, IOException {
3        NodeDaoProxy pro = new NodeDaoProxy();
4        Node node = new Node();
5        pro.addNodeData(node);
6    }
7    public void doPost(HttpServletRequest request, HttpServletResponse response)
8                throws ServletException, IOException {
9        request.setCharacterEncoding("utf-8");
10       List list;
11       NodeDaoProxy service = new NodeDaoProxy();
12       list = service.getAllNodeData();
13       request.getSession().setAttribute("NODE",list);
14   response.sendRedirect(request.getContextPath()+"/index.jsp");   }
```

（8）创建简单的表格显示页面，运用 JSP 技术通过在使用 HTML 编写的网页中添加一些专有标签及脚本程序来实现网页中动态内容的显示，并且可以在任何 Web 或应用程序服务器上运行，如图 8.1 所示。

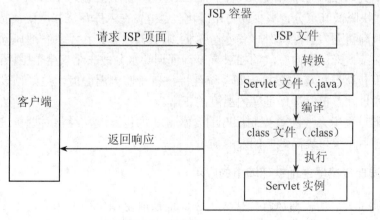

图 8.11 客户端与服务器端

8.4　应用展望

8.4.1　温湿度传感器在烟叶发酵过程中的应用

在烟草行业，烟叶的仓储是关系到成品烟质量问题的重要因素之一，良好的发酵工艺是做出好烟的前提，烟叶发酵生产线如图 8.12 所示。

图 8.12　烟叶发酵生产线

由于烟叶自然发酵的时间很长，整个发酵过程要经历 4～6 个雨季。为保证自始至终不出问题并达到理想的醇化结果，必须加强工艺管理，尤其是温湿度的管理，做好防潮、防霉工作。温度最好在 20℃左右，相对湿度最好保持在 60%～70%。这样一来，无线温湿度传感器便很适用于对温湿度的监测与控制。

如果烟叶含水量高、烟堆体积过大、堆积紧密，当外界气温较高时，烟包内会发热增温，引起烟叶碳化（即烧包）。在具备自然通风的情况下，采用开窗通风的方法，排除库内不适宜的热湿空气，防止烟叶发热。

初烤烟和晒黄烟入库时水分在 16.0%～18.0%之间，少数烟叶达 18%以上。对含水量超标的烟叶，为了尽快降低其水分，减少或防止碳化、霉变，在入库后应采取隔离措施，松包通风摊晾，并用排气扇将湿气排除库外，使水分降低到 15%以下。在不具备通风除湿的情况下，应采用除湿机除湿，降低库内空气的相对湿度，使烟叶水分散失至安全范围以内。

无线温湿度传感器可与除湿机控制系统连接，自动监测温湿度，达到预设值便能启停除湿机。以后，通过除湿机除湿保证库内温度的正常。

在自然发酵过程中，应注意控制烟叶的含水量和烟包温度，经常对烟包进行检查，使用无线温湿度传感器系统可提高烟叶的发酵质量。

8.4.2　温湿度传感器在地铁环境中的应用

地铁乘客流量大，所需新风量变化大。因此地铁的空调负荷变化大，要实现节能必须借助自动控制的手段。

对此，在地铁车站的站厅和站台区等公共区域，以及重要的设备房内设置室内温湿度传感器，从而得以监测车站实时的温度及湿度。这些参数可帮助运营人员对车站各系统工况进行合理调整，以保持车站公共区始终处于较为舒适的环境、确保设备房一直处于合适的温度之下，如图 8.13 所示。

图 8.13　地铁

与此同时，在车站的新风室和回风室安装管道温湿度传感器，以此来监测室外新风和车站内的温度及湿度。环境控制系统可以根据温湿度传感器采集到的数据来判断车站的环境质量，并根据预先设计好的各种工况来进行自动切换，以实现自动控制系统对车站环境的自动控制，使得车站环境始终处于较为舒适的环境之中，并最终实现节能减排的目的。

第 9 章 安卓远程智能家居

本章导读

本章主要以宠物箱的智能监控/操控为背景，通过使用现成的温湿度传感器模块、红外发射、接收模块等传感器，以树莓派为终端设备，以 Yeelink 为数据平台，实现对宠物箱的远程控制。本系统通过普通 USB 摄像头采集监控图像，通过温湿度传感器采集相应数据，通过红外模块遥控各种设备开关。使用者可远程实时掌握宠物箱的图像、温湿度等数据，发送指令调整光照、通风等设备的工作，尤其适合出差或旅行时远程照料家中的宠物。本案例使用的软硬件及服务成本非常低廉，可简单便捷地将现有设备改造为具有远程操控功能的智能设备。此外，本章所介绍的传感器控制方法可适用于其他具有类似需求的场景，具有一定的推广性。

本章我们将学习以下内容：

- 数据平台的使用（以 Yeelink 为例）
- 数字传感器模块的使用
- 基于树莓派的程序设计
- 安卓应用程序的设计

9.1 项目简介

智能家居是当前物联网发展的一个主要方向，也是物联网技术实用化最成功的领域之一。现阶段，智能家居主要体现在家庭中各种设备的远程监控与操控。本章以宠物箱的远程智能控制为例，设计开发了一套以 Yeelink 数据平台为接口，以树莓派为智能终端，以安卓移动设备为控制中心的宠物箱监控系统。通过该系统，使用者可以远程监控并操控家中的宠物箱，获取宠物箱的实时图像、温度、湿度等数据，并可通过安卓智能设备控制宠物箱中诸如加热灯、换气扇等设备，从而解决主人出外工作或旅行时家中宠物无人照料的问题。

9.2 项目设计

宠物箱监控系统主要分为两大部分：基于树莓派的终端及传感器控制端和基于安卓的远程控制 APP。其中，树莓派端的主要功能是：实时获取温度、湿度数据及监控图像信息，将这些信息上传至 Yeelink 数据平台，实时监控 Yeelink 数据平台上开关传感器的状态，当发现状态变化时，通过连接至树莓派 GPIO 端口的红外发射模块发射红外遥控信号，控制宠物箱上的加热灯、风扇等用电设备的开关状态。安卓远程控制 APP 的主要功能是：通过连接 Yeelink 数据平台实时获取树莓派上传的温度、湿度数据及监控图像信息，通过 APP 将开关指令发送至 Yeelink 平台上的开关传感器，以便树莓派端接收指令，远程控制宠物箱。本系统的主要功能运行流程如图 9.1 所示。

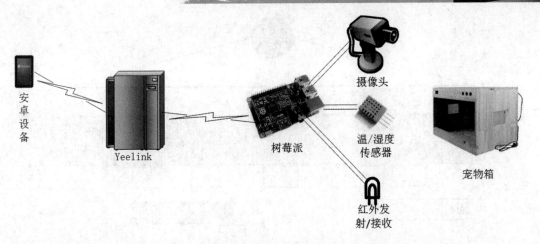

图 9.1　系统功能运行流程图

　　Yeelink 平台提供了两种方式：一种是终端设备通过直接 Socket 网络连接的办法连入平台，保持和服务器的长连接，这种方法控制的实时性相对较强；另一种办法是终端设备作为客户端，定期地向服务器查询传感器的当前值，如果我们要改变终端设备的状态（如遥控打开某开关），只需改变当前传感器的值。本案例中，使用基于安卓的 APP 通过发送 HTTP 的 post 命令更新当前的设备状态。终端设备在定时周期到的时候，发出 HTTP 的 get 命令来获取当前开关状态，发现最近的值有变化（如从 0 变为 1）的时候，则相应地改变驱动开关的 IO 口状态，从而实现远程智能家居控制。同时，还可以使用安卓 APP 发出 HTTP 的 get 命令，读取远程智能家居中所有被控制端设备的状态。

　　物联网架构可以分为三层，即感知层、网络层和应用层。感知层由各种传感器构成，在本案例中，我们使用红外发射/接收传感器作为感知层；网络层由各种网络，包括互联网、广电网、网络管理系统和云计算平台等组成，是整个物联网的中枢，负责传递和处理感知层获取的信息。本案例中我们使用 Yeelink 作为数据平台充当网络层的角色；应用层是物联网和用户的接口，它与行业需求结合，实现物联网的智能应用。本案例的主要工作就是应用层的开发。

9.2.1　红外线

　　红外线（Infrared）是波长介于微波与可见光之间的电磁波，波长为 760nm～1mm，是比红光长的非可见光。高于绝对零度（-273.15℃）的物质都可以产生红外线。现代物理学称之为热射线。医用红外线可分为两类：近红外线与远红外线。太阳的热量主要通过红外线传到地球，可以当作传输的媒介。如图 9.2 所示，我们把红光之外的辐射称为红外线（紫光之外是紫外线），肉眼不可见。太阳光谱上红外线的波长大于可见光线，波长为 0.75～1000μm。红外线可分为三部分，即近红外线，波长为(0.75-1)～(2.5-3) μm 之间；中红外线，波长为(2.5-3)～(25-40) μm 之间；远红外线，波长为(25-40)～1000μm 之间。

　　自然界中任何有温度的物体都会辐射红外线，只不过辐射的红外线波长不同而已。根据实验表明，人体辐射的红外线（能量）波长主要集中在约 10000nm 左右。根据人体红外线波长的这个特性，如果用一种探测装置，能够探测到人体辐射的红外线而去除不需要的其他光波，从而实现检测人体活动信息的目的。因此，就出现了探测人体红外线的传感器产品。

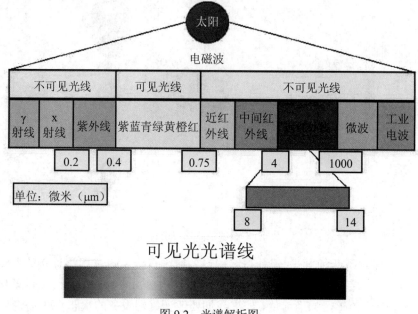

图 9.2 光谱解析图

9.2.2 人体红外感应传感器

人体红外感应传感器是利用热释电效应原理制成的一种传感产品。所谓热释电效应就是因温度的变化而产生电荷的一种现象。

1. 热释电效应

当一些晶体受热时，在晶体两端将会产生数量相等而符号相反的电荷，这种由于热变化产生的电极化现象被称为热释电效应。通常，晶体自发极化所产生的束缚电荷被来自空气中附着在晶体表面的自由电子所中和，其自发极化电矩不能表现出来。当温度变化时，晶体结构中的正负电荷重心相对移位，自发极化发生变化，晶体表面就会产生电荷耗尽，电荷耗尽的状况正比于极化程度。

能产生热释电效应的晶体称为热释电体或热释电元件，其常用的材料有单晶（$LiTaO_3$ 等）、压电陶瓷（PZT 等）及高分子薄膜（PVFZ 等）。

根据菲涅尔原理制成，把红外光线分成可见区和盲区，同时又有聚焦的作用，使热释电人体红外传感器（PIR）灵敏度大大增加。菲涅尔透镜有折射式和反射式两种形式，其作用有二：一是聚焦作用，将热释的红外信号折射（反射）在 PIR 上；二是将检测区内分为若干明区和暗区，使进入检测区的移动物体能以温度变化的形式在 PIR 上产生变化，热释红外信号，这样 PIR 就能产生变化的电信号。

如果我们将热电元件接上适当的电阻，当元件受热时，电阻上就有电流流过，在两端得到电压信号。

2. 热释电红外传感器的原理特性

热释电红外传感器和热电偶都是基于热电效应原理的热电型红外传感器。不同的是热释电红外传感器的热电系数远远高于热电偶，其内部的热电元由高热电系数的铁钛酸铅汞陶瓷以及钽酸锂、硫酸三甘铁等配合滤光镜片窗口组成，其极化随温度的变化而变化。为了抑制因自身温度变化而产生的干扰,该传感器在工艺上将两个特征一致的热电元反向串联或接成差动平衡电路方式,因而能以非接触式检测出物体放出的红外线能量变化并将其转换为电信号输出。热释电红外传感器在结构上引入场效应管的目的在于完成阻抗变换。由于热电元输出的是电荷信号,不能直接使用而需要用电阻将其转换为电压形式,该电阻阻抗高达 104MΩ,故引入的 N 沟道结型场效应管应接成共漏形式即源极跟随器来完成阻抗变换。热释电红外传感器内部由光学滤镜、场效应管、红外感应源(热释电元件)、偏置电阻、EMI 电容等元器件组成,其结构图和内部电路框图如图 9.3 所示。

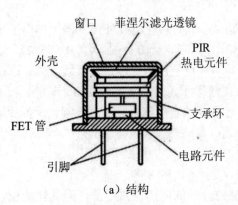

（a）结构

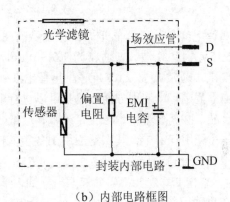

（b）内部电路框图

图 9.3   热释电红外传感器结构图与内部电路框图

光学滤镜的主要作用是只允许波长在 10μm 左右的红外线(人体发出的红外线波长)通过,而将灯光、太阳光及其他辐射滤掉,以抑制外界的干扰。红外感应源通常由两个串联或者并联的热释电元件组成,这两个热释电元件的电极相反,环境背景辐射对两个热释电元件几乎具有相同的作用,使其产生的热释电效应相互抵消,输出信号接近于零。一旦有人进入探测区域内,人体红外辐射通过部分镜面聚焦,并被热释电元件接收,由于角度不同,两片热释电元件接收到的热量不同,热释电能量也不同,不能完全抵消,经处理电路处理后输出控制信号。

在自然界,任何物体高于绝对温度(-273.15℃)时都将产生红外光谱,不同温度的物体,其释放的红外能量的波长是不一样的,因此红外波长与温度的高低有关。

人体或者体积较大的动物都有恒定的体温,一般为 37℃,所以会发出特定波长 10μm 左右的红外线。当人体进入检测区时,因人体温度与环境温度有差别,人体发射的 10μm 左右的红外线通过菲涅尔透镜滤光片增强后聚集到红外感应源(热释电元件)上,红外感应源在接收到人体红外辐射时就会失去电荷平衡,向外释放电荷,后续电路经检测处理后就能产生报警信号。 若人体进入检测区后不动,则温度没有变化,传感器也没有信号输出,所以这种传感器适合检测人体或者动物的活动情况。

3. 常见的热释电红外传感器

目前常用的热释电红外传感器型号主要有 D203S、P228、LHI958、LHI954、RE200B、KDS209、PIS209、LHI878、PD632 等。

热释电红外传感器通常采用 3 引脚金属封装,各引脚分别为电源供电端(内部开关管 D 极,DRAIN)、信号输出端(内部开关管 S 极,SOURCE)、接地端(GROUND)。常见的热释电红外传感器外形如图 9.4 所示。

图 9.4　常见的热释电红外传感器

热释电红外传感器的主要工作参数有工作电压（常用的热释电红外传感器工作电压范围为 3～15V）、工作波长（通常为 7.5～14μm）、源极电压（通常为 0.4～1.1V，R=47kΩ）、输出信号电压（通常大于 2.0V）等。热释电红外传感器的特点是反应速度快、灵敏度高、准确度高、测量范围广、使用方便，尤其可以进行非接触式测量使其主要应用于铁路、车辆、石油化工、食品、医药、塑料、橡胶、纺织、造纸、电力等行业的温度测量、温度检测、设备故障的诊断。在民用产品中，其广泛应用于各类入侵报警器、自动开关（人体感应灯）、非接触测温、火焰报警器等自动化设施中。

4. 热释电红外传感器的应用——自动门

在自动门领域中，被动式人体热释电红外线感应开关的应用非常广泛，因其性能稳定且能长期稳定可靠工作而受到广大用户的欢迎，这种开关主要由人体热释电红外传感器、信号处理电路、控制及执行电路、电源电路等几部分组成。如图 9.5 所示为热释电红外传感器的典型应用场景——自动门。

图 9.5　热释电红外传感器的应用——自动门

热释电红外自动门主要由光学系统、热释电红外传感器、信号滤波和放大、信号处理和自动门电路等几部分组成。菲涅尔透镜可以将人体辐射的红外线聚焦到热释电红外探测元上，同时也产生交替变化的红外辐射高灵敏区和盲区，以适应热释电探测元要求信号不断变化的特性；热释电红外传感器是报警器设计中的核心器件，它可以把人体的红外信号转换为电信号以供信号处理部分使用；信号处理主要是把传感器输出的微弱电信号进行放大、滤波、延迟、比较，为报警功能的实现打下基础。

该探测技术中，所谓"被动"是指探测器本身不发出任何形式的能量，只是靠接收自然界能量或能量变化来完成探测目的。被动红外自动门的特点是能够响应人体在探测区域内移动时所引起的红外辐射变化，并能使监控报警器产生报警信号，从而完成报警功能。

9.2.3 所需软硬件及环境介绍

本系统开发所需硬件包括：

- PC 机。
- 基于安卓的智能设备。
- 树莓派（Raspberry Pi）。
- 红外发射/接收模块。
- 温度/湿度传感器。

本系统开发所需软件环境包括：

- Yeelink 平台账号。
- 基于 Linux 内核的树莓派操作系统（本案例使用树莓派官方提供的 Raspbian）。
- 远程桌面（本案例使用 Windows 10 内置的远程桌面连接）。
- Python 开发环境（Raspbian 已内置）。
- 安卓开发环境（见 9.5 节，安卓端开发）。

9.2.4 Yeelink 平台介绍及 Yeelink 账号申请

Yeelink 是一个开放的公共物联网接入平台，目的是为服务所有的爱好者和开发者，使传感器数据的接入、存储和展现变得轻松简单。

要使用 Yeelink 平台，需要先申请一个平台账号。可以访问 Yeelink 官网，通过 http://www.yeelink.net/register 免费注册 Yeelink 账号，如图 9.6 所示。

图 9.6　Yeelink 注册界面

注册并通过邮箱激活账号后，就可以正常使用 Yeelink 所提供的各项服务了。

使用注册账号登录后，可以进入 Yeelink 的"用户中心"（如图 9.7 所示），可以通过这个用户中心查看账户的相关信息，管理和查看自己的物联网设备。

图 9.7   Yeelink 用户中心

如图 9.7 所示，该账号已添加过一个名称为 RAPI-IR 的设备。要添加设备和传感器，需要通过"我的设备"菜单中的"添加新设备"子菜单来实现。在这里，"设备来源"可以选择"自备设备"，以区别其他类型的设备（Yeelink 现在也开发各类物联网传感器硬件设备）。其他的各类选项可以根据自己的需求自行选择。完成必要项的填写后，可以点击"保存"菜单来使以上操作生效。设备添加完毕后，我们就可以将所需要的传感器添加到这个设备中了，而且，一个设备可以同时支持多个传感器。

接下来，在"管理设备"菜单项中找到刚添加好的设备，点击"添加一个传感器"按钮（如图 9.8 和图 9.9 所示）实现添加传感器操作。Yeelink 所提供的传感器类型有数值型传感器、开关型传感器、GPS 型传感器、泛型传感器、图像型传感器和微博抓取器，基本可以满足一般物联网项目的需求。本案例中，我们以开关型、数值型和图像型传感器为例来说明传感器的使用方法。

在图 9.10 所示的系统管理窗口中，我们可以看到一个开关型传感器和一个图像型传感器。通过这个窗口，我们可以看到很多其他信息。每个传感器后面都会有相应的 URL 显示，例如，名称为 switch1 的开关型传感器，它所对应的 URL 地址为 http://api.yeelink.net/v1.0/device/359796/sensor/411221/datapoints，我们可以通过向这个地址发送 post 或 get 指令来发送或获取数据。其中，359796 为设备 ID，每当我们创建一个设备的时候，Yeelink 平台会给这个设备分配一个流水 ID 号。411221 为传感器 ID，同样，当我们创建一个传感器的时候，Yeelink 平台也会给这个传感器分配一个流水 ID 号。在图 9.11 中我们还可以看到一个名称为"监控"的图像型传感器。"监控"的 URL 地址为 http://api.yeelink.net/v1.0/device/359796/sensor/411568/photos。可以很清楚地看到，在这两个 URL 地址中，设备 ID 部分是一样的，都是 359796，而传感器 ID 是不同的。

图 9.8　添加传感器

图 9.9　添加传感器

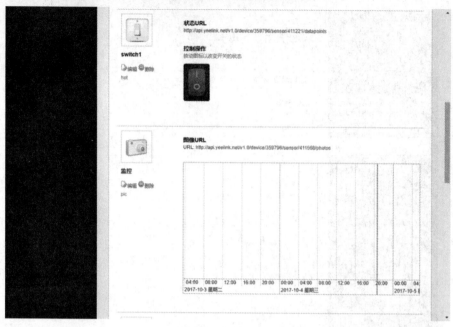

图 9.10　传感器信息

至此，Yeelink 平台端的操作已经全部完成。为了测试我们的工作，可以使用一些 HTTP POST/GET 接口测试工具或 Yeelink 提供的在线调试功能对所创建的传感器进行测试。Yeelink 提供的在线调试网址为 http://www.yeelink.net/developer/debug。Yeelink 使用 JSON 格式作为数据传递的标准格式。例如，当以 get 形式发送对 URL 地址 http://api.yeelink.net/v1.0/device/359796/sensor/411221/datapoints 的请求时，可以得到如图 9.11 所示的相应结果。其中最后一行就是相对应传感器上 JSON 格式的数据，通过 get 请求得到了正确的响应，说明传感器工作正常。其中，"value":1 表示该开关型传感器处于开启状态。

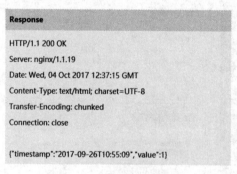

图 9.11　传感器访问测试

9.3　树莓派端开发

9.3.1　树莓派简介

树莓派（Raspberry Pi）是由注册于英国的慈善组织"Raspberry Pi 基金会"开发的，起初是为了让人们可以以更廉价的成本学习计算机编程而设计，最初发售于 2012 年。它是一块只有信用卡大小的电路板，其中包含了中央处理器（CPU）、图形处理芯片、内存储器（RAM）以及用于与外部设备连接所使用的接口。除正式发售的量产化型号外，树莓派官方还提供对其硬件配置和外部设备接口的定制服务。树莓派本质上可以看作是一台标准的 PC 机，接通电源、显示器、键盘、鼠标等必要的外部设备后即可使用。由于其微缩化的体积，树莓派并没有提供标准的硬盘接口，所以还需要一张 SD 卡来充当这台卡片 PC 机的"硬盘"，从而运行需要的操作系统。

要从树莓派运行系统，以下配件是必须具备的：

- SD 卡。
- USB 键盘。
- 显示器。
- 电源。

由于需要在 SD 卡上运行系统，所以建议大家使用读写速度 Class 10 或更高的卡片。树莓派没有提供 PS/2 接口，要运行系统，一个 USB 键盘是必要的装备。一般情况下，我们更多的是使用 SSH 或远程桌面方式来访问或调试树莓派系统。但是由于一切远程访问形式都需要系统的支持，所以在安装系统的时候需要通过树莓派本身所携带的视频接口接通显示器来完成必要的操作。树莓派标准版提供 HDMI 和复合视频端子（即 AV 端子），可以使用任何兼容设备来充当显示器的角色。树莓派通过 Macro-USB 端口供电，一般情况下，普通 PC 的 USB 接口供电即可驱动树莓派系统。但是当树莓派系统上负载设备过多时，必须使用 1.5A 甚至 2.5A 以上的电源供应来驱动设备。

由于树莓派提供 USB2.0 接口，所以可以将大多数标准的 USB 设备，例如鼠标、摄像头、有线/无线网卡等接入树莓派系统。本系统使用标准 USB 摄像头来采集宠物箱图片，实现监控功能。另外，树莓派系统本身还自带标准以太网接口以及 Wi-Fi、蓝牙等无线接口。

在物联网领域，树莓派系统越来越受到关注的一个原因是树莓派板载的强大的 GPIO（General-Purpose I/O）接口，也就是通用 I/O 接口。在物联网系统中会用到大量结构简单的外部设备，这些设备都可以通过树莓派的 GPIO 接口与树莓派进行数据交换，从而接入庞大的物联网系统。当前比较流行的树莓派 GPIO 开发集成库层出不穷，主要的有 Python GPIO、wiringPi、BCM2835 C Library 等。此外，还有很多通用的子系统，如本案例中使用的基于 Linux 系统的 LIRC 子系统。本案例通过树莓派内置 Python 中的 GPIO 包实现数字温湿度传感器功能，调用 LIRC 系统来实现全部的红外接收/发送功能，通过树莓派系统调用摄像头获取图像，使用 post 方法将图像上传至 Yeelink 平台的图像传感器，从而实现宠物箱的监控/操控功能。

9.3.2　树莓派端功能综述

树莓派在本系统中起到终端设备的作用，通过互联网与 Yeelink 平台连接以获取安卓客户端指令或将本地数据上传到 Yeelink 平台。树莓派通过 GPIO 接口连接温湿度传感器以获取宠物箱中的温湿度数据，同样通过 GPIO 接口连接红外模块来控制宠物箱中的各种开关。使用标准 USB 摄像头，树莓派可以将获取的图像通过互联网上传到 Yeelink 平台从而被安卓客户端获取。为实现以上功能，本系统设计了一系列基于 Python 的客户端程序，该程序以树莓派为载体，实现全部的传感器端功能。

9.3.3 系统安装及环境配置

根据配置不同，树莓派分为许多版本。对于本应用来说，仅要求硬件具有 GPIO 接口和 USB 扩展接口。这里我们以树莓派第三代 B 型板为例来说明系统的开发过程。

树莓派的操作系统也有很多种可以选择，除官方发布的 Raspbian 外，还有 Ubuntu Mate、Snappy Ubuntu Core、Risc OS 等，甚至有 Windows 10 IoT Core 等诸多选择。可以通过树莓派官方网站（https://www.raspberrypi.org/downloads/）来下载需要的操作系统。我们以 Raspbian 为例来说明树莓派系统的安装方式。

一般来说，树莓派的系统安装不使用磁盘引导安装文件这种方式进行，而更多采用将下载的系统镜像复制到树莓派的内存卡上来实现。我们需要一个 8GB 以上的 TF 卡来承载系统。要将下载的系统镜像复制到 TF 卡中，可以选择很多种工具，如 Windows 环境中的 Win32 Disk Imager、USB Image Tool 等。如果用的是 Linux 系统，可以直接使用 dd 命令来实现镜像复制。在这里，我们以 Win32 Disk Imager 为例说明安装步骤，该软件可以从官方下载地址 http://sourceforge.net/projects/win32diskimager/获取。

打开 Win32 Disk Imager 软件，在 Image File 中选择刚刚下载的树莓派系统镜像，在 Device 中选择 TF 卡，然后点击 Write。写入过程需要持续一段时间，根据 TF 卡的读写速度略有差别，一般会在十几分钟左右，如图 9.12 所示。

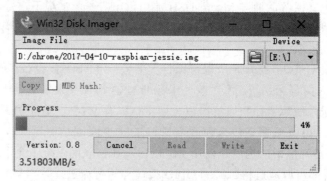

图 9.12　树莓派系统安装——写入镜像

写入结束后，将 TF 卡插入树莓派的 TF 卡槽，通过树莓派上的 Micro-USB 电源端口供电即可运行系统。首次运行树莓派系统时，建议通过树莓派上的 HDMI 端口接通一个显示器作为屏幕输出，对树莓派系统进行必要的调试。

首次进入 Raspbian 系统时，默认的登录账号为 pi，密码是 raspberry。需要通过这个账号登录后修改 root 密码并启用 root 账号登录功能，代码如下：

```
sudo passwd root
sudo passwd –unlock root
```

登录后的默认账号为 pi，第一条命令的目的是修改 root 账号的密码。由于是首次启用 root 账号，系统会直接让用户输入两次新的 root 密码以验证。如果是第一次接触 Linux 系统，可能会惊讶地发现，不管输入什么字符作为密码，都不会显示密码占位符"*"，不用担心，这是正常现象。第二条命令的目的是启用原先被锁定的 root 账号。

执行完以上命令后，使用 reboot 命令重新启动系统，就完成了 root 账号的启用设置。

当第一次使用 root 账号登录时,系统会自动弹出树莓派的高级设置面板,也可以使用 sudo raspi-config 命令来打开这个设置面板,如图 9.13 所示。在这个面板中,必须要做的一个操作是通过第一项 Expand Filesystem 来扩展 TF 卡(如已扩展,则无此选项)。初安装的系统并没有利用所有的 TF 卡空间,只有很少的空间可用。通过此选项扩展后,我们就可以使用全部的 TF 卡空间了。

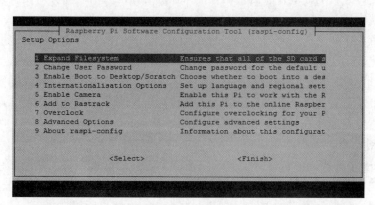

图 9.13　扩展空间

还有一些建议进行的设置,如更换软件源、设置静态 IP 地址等。由于官方操作系统默认的软件源服务器在国外,访问速度很慢,我们可以选择一些国内镜像网站作为软件源。在这里,我们使用中国科技大学的软件源服务器地址来替换原有的服务器地址。要修改这个设置,需要用编辑器来修改相应的配置文件。使用命令 sudo vi /etc/apt/sources.list,使用 vi 编辑器来编辑软件源配置文件/etc/apt/sources.list。如果系统中没有 vi 编辑器,可以通过命令 sudo apt-get install vi 来安装。打开后,使用"#"注释掉原有的服务器地址,将新的服务器地址加入文件中,如图 9.14 所示。

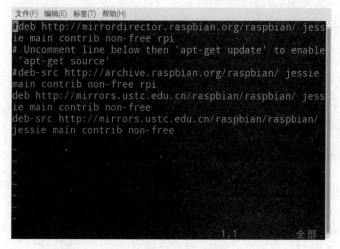

图 9.14　配置软件源

从图中可以看到,原有的软件源地址为:

deb http://mirrordirector.raspbian.org/raspbian/ jessie main contrib non-free rpi
deb-src http://archive.raspbian.org/raspbian/ jessie main contrib non-free rpi

该地址已被"#"注释掉，并替换为新的软件源地址：

deb http://mirrors.ustc.edu.cn/raspbian/raspbian/ jessie main contrib non-free rpi
deb-src http://mirrors.ustc.edu.cn/raspbian/raspbian/ jessie main contrib non-free rpi

修改完毕后，先按 Esc 键，然后依次按:、w、q、! 键，回车以保存对文件进行的修改，软件源修改工作就完成了。

在使用过程中，如果树莓派 IP 地址的获取方式为 DHCP，那么它的 IP 地址在重新启动后有可能发生变化。为了简化操作、便于远程访问，我们通常分配给它一个固定的 IP 地址，即使用静态 IP 地址分配方式。要修改树莓派的网络设置，我们同样使用编辑器修改系统中的网络配置文件。如果不喜欢命令行操作的话，也可以通过图形界面来完成设置。可以用鼠标右击屏幕右上角的网络符号，在弹出的快捷菜单中选择 Wireless & Wired Network 选项，会弹出如图 9.15 所示的对话框。

在 Configure 中选择 interface 来设置网络适配器，在后面选择接入网络所使用的适配器。在这里我们使用的是树莓派第三代 B 型板，具有一个 RJ-45 接口的以太网适配器和一个 Wi-Fi 无线网络适配器。我们使用它的无线网络适配器来接入网络，所以选择 wlan0。将必要的设置内容填入相应的文本框后保存，即可完成配置。

图 9.15　网络设置

至此，树莓派系统的基本设置已经完成。在项目开发过程中，我们更多的是通过 SSH 或远程桌面使用 PC 机来登录树莓派系统，而不是通过连接至树莓派的显示器、键盘、鼠标等外设直接操作树莓派系统。

9.3.4　基于 GPIO 的红外无线遥控

要实现基于 GPIO 的红外无线遥控功能，则需要一些必备的元器件，包括红外 LED 发射管、红外接收头以及其他一些相应的线材和元件。本章所介绍的重点并不是这些硬件设备的原理与搭建。为简单起见，这里使用的是一款专门针对树莓派的专用红外控制扩展板，如图 9.16 所示。该扩展板可直接与树莓派的 GPIO 端口接插，从而完成全部的红外发射/接收功能。需要说明的是，一切可连接至树莓派 GPIO 接口、具有红外发射/接收功能的扩展板或自组模块都可以兼容本章所介绍的方法及代码，实现本章所介绍功能。

图 9.16 所选用的红外发射/接收模块

1. LIRC 软件包安装及配置

本系统方案采用 LIRC 软件包实现具体的红外功能。LIRC（Linux Infrared Remote Control）是一个基于 Linux 系统的开源软件包。在树莓派或其他 Linux 平台下，可以通过以下命令来安装 LIRC 软件包：

```
sudo apt-get install lirc
```

安装完毕后，需要设置 LIRC 配置文件，可通过以下命令完成：

```
sudo vi /etc/lirc/hardware.conf
```

在这个命令中，使用 vi 编辑器编辑/etc/lirc/hardware.conf 文件，当然，也可以使用自己熟悉的编辑器完成同样的工作。打开/etc/lirc/hardware.conf 文件后，要确保有如下 4 行代码：

```
LIRCD_ARGS=""
DRIVER="default"
DEVICE="/dev/lirc0"
MODULES=""
```

具体编辑界面如图 9.17 所示。请注意，在这个配置文件中，"#"的作用是行注释。

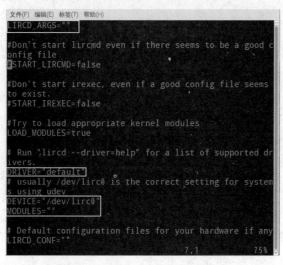

图 9.17 hardware.conf 文件的编辑

保存该文件后继续编辑模块配置文件/etc/modules，使用如下命令：

```
sudo vi /etc/modules
```

将以下两行代码添加到这个文件的末尾并保存：

```
lirc_dev
lirc_rpi gpio_in_pin=18 gpio_out_pin=17
```

这里的 gpio_in_pin=18 对应着红外接收模块的 GPIO 端口号，而 gpio_out_pin=17 对应着红外发射端口号。GPIO 端口为扩展板所使用的端口，如果用的是其他红外扩展板或自组模块，则应该根据自己的具体情况调整这两个端口号的具体数字。

至此，所有与红外功能有关的配置就完成了，要让这些配置生效，需要重新启动 LIRC 守护程序，通过以下命令来完成：

```
sudo /etc/init.d/lirc stop
sudo /etc/init.d/lirc start
```

2. 红外接收功能及红外编码录制

本系统所具有的红外遥控功能本质上是一个红外遥控器学习/模拟功能，也就是说通过红外接收装置接收（学习）某遥控器发射的信号，然后再使用红外 LED 发射（模拟）这个信号。本质上说，不管红外遥控器是什么品牌/型号，也不管所采用的具体协议是什么，其发射的信号都是一段红外脉冲信号，如图 9.18 所示。

图 9.18　红外信号示意图

图中方波的波谷对应的红外 LED 不发光，而波峰对应的 LED 发光，从而形成信号编码。目前常用的遥控器学习模式有两种：一种是通过识别接收到的红外信号分析出信号所使用的协议，从而识别出遥控器对应的品牌/型号，然后依照数据库中该型号遥控器的协议来发送红外信号；另一种方式叫源码方式或 raw 方式，就是将接收到的红外信号复制下来，然后使用红外发射装置模拟这个信号的源码形式发射红外控制信号，从而实现遥控器的学习。源码方式特别适用于一些较为复杂的遥控器，如空调遥控器。这类遥控器所发射的红外信号往往比较复杂，一次发射中包含多个信号。使用源码方式，可以直接将原始信号复制下来，需要的时候再模拟发射出去，完成遥控功能。

要使用红外接收功能，首先要关闭 LIRC 守护进程，然后打开接收模块。可通过以下命令实现：

```
sudo /etc/init.d/lirc stop
mode2 –d /dev/lirc0
```

执行完此命令后，红外接收模块就开始工作了。要测试红外接收模块的工作状态，可以使用任何具有红外发射功能的设备，如红外遥控器等，面向红外扩展板按下按键。如果红外接收模块工作正常，屏幕上会显示一长串字符，如图 9.19 所示。

其中，space 对应图 9.18 所示方波的波谷宽度，pulse 对应图 9.18 所示方波的波峰宽度。这就是一个用数字表示的红外信号。

图 9.19　接收到的红外信号

图 9.19 说明红外接收模块工作正常，我们可以使用它来录制红外信号。需要注意的是，录制信号的时候也要保证 LIRC 守护进程处在停止的状态。

使用以下命令可以列出 LIRC 软件中所有可以使用的按键名，并将其输出到当前用户根目录下的文本文件中以便查阅，如图 9.20 所示。请注意，list 前面是两个连续的减号"-"。

```
irrecord -list-namespace>>～/key.txt
```

图 9.20　LIRC 软件中所有可以使用的按键名

每一个按键名称都可以对应一个红外信号，在当前 LIRC 版本中，一共定义了 445 个不同的按键名称。

可以通过如下命令录制红外遥控器的指令，录制到的所有指令会保存在当前目录下的 lirc_0.conf 文件中：

```
irrecord -d /dev/lirc0 lirc_0.conf
```

运行这个指令后，屏幕上首先出现的是 LIRC 软件包对于录制指令的说明，根据提示，按回车键继续后，会有另一段说明性的文字。建议读者仔细阅读第二段说明，再次按回车键即可开始遥控器信号识别工作。

信号识别工作主要分为两个阶段。在第一个阶段中，需要无序地不停按动遥控器上的按钮，每个按钮至少需要按一次，而且建议每次按下按钮后持续 1 秒左右。在这个阶段，LIRC需要识别红外信号的格式。当按动按钮时，屏幕上会有圆点出现。当第一行出现 80 个圆点后，这一阶段就会结束。接下来会提示继续按动遥控器，屏幕上会出现第二行圆点。这次每按动一下按钮就会出现一个圆点。当第二行也出现 80 个圆点后，遥控器信号的具体格式就被识别出来了，一些具体参数会显示在屏幕上。具体过程如图 9.21 所示。

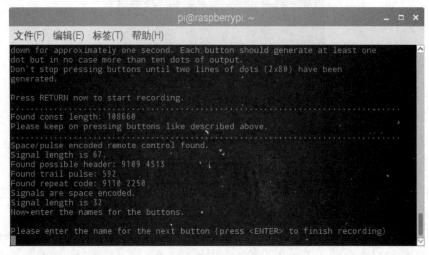

图 9.21　遥控器信号识别

现在，LIRC 程序已经通过识别"认识"了我们的遥控器，有关信息已经被记录在 lirc_0.conf文件中，根据屏幕上的提示我们可以开始输入按键的名称并录制相应信号了。从刚刚提到的key.txt 文件中选择一个按键名称，输入后按回车键。然后根据屏幕提示按下相应按键，一个按键的录制工作就完成了。接下来可以根据需要继续录制。当完成所有录制后，按回车键即可结束录制。在图 9.22 中，我们首先选择了一个名称为 KEY_OK 的按键名，回车后根据提示按下了遥控器上相应的按键，完成了遥控器上 OK 键的录制。

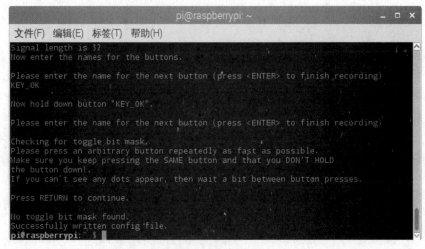

图 9.22　OK 键的录制

所有按键的录制完毕后，可以按回车键来结束录制程序。此时录制程序会要求不停地按下同一个按键，直至结束。

录制结束后，在当前目录下会生成一个文件 lirc_0.conf。打开这个文件会看到，里面存有所录制遥控器的信号格式信息以及已录制的所有按键信息，如图 9.23 所示。

图 9.23　lirc_0.conf 文件内容

要测试系统能否发出已录制的红外信号，首先要将已经录制好的配置文件拷贝到 LIRC 的路径下，然后将关闭的 LIRC 守护进程启动，通过以下命令实现：

irsend LIST lirc_0.conf ""

请注意，不要在复制过程中随意改变配置文件的名称。

可以通过上面命令列举出一个配置文件中所有已录制的按键名称。

要注意的是，不管当前路径是什么，这个命令中的文件名前面不要加上绝对或相对路径。通过这个命令，可能看到如图 9.24 所示的内容。

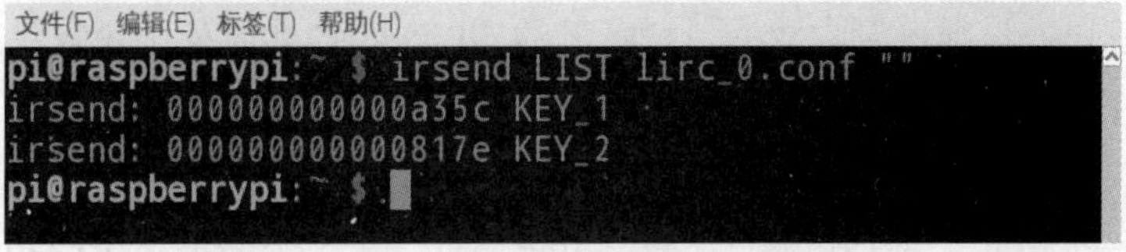

```
文件(F)  编辑(E)  标签(T)  帮助(H)
pi@raspberrypi:~ $ irsend LIST lirc_0.conf ""
irsend: 000000000000a35c KEY_1
irsend: 00000000000817e KEY_2
pi@raspberrypi:~ $
```

图 9.24　lirc_0.conf 文件中已录制按键列表

如图 9.24 所示，当前配置文件中录制了一个名称为 KEY_1 的按键和一个名称为 KEY_2 的按键。

要控制红外发射器发射一次某个按键的信号，需要使用如下命令：

sudo cp lirc_0.conf /etc/lirc/lirc_0.conf
sudo /etc/init.d/lirc restart
irsend SEND_ONCE lirc_0.conf KEY_1

要控制宠物箱的加热灯、通风扇等设备，需要一些具有红外遥控功能的开关或电源插座。

将宠物箱对应设备的电源接通后，学习这些开关的红外遥控器，就可以通过树莓派来控制它们了。

9.3.5　基于 GPIO 的温湿度数据获取

要实现宠物箱温湿度数据的获取，我们采用了 DHT11 数字温湿度传感器。这是一个当前比较流行的、性价比较高的数字传感器。通过树莓派的 GPIO 端口可以直接获取此传感器的数字输出，并转换为相应的温湿度数据。本案例中所使用的 DHT11 模块如图 9.25 所示。

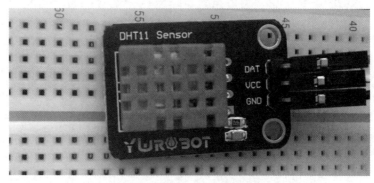

图 9.25　DHT11 温湿度传感器模块

DHT11 模块的数据输出格式为：8bit 湿度整数数据+8bit 湿度小数数据+8bit 温度整数数据+ 8bit 温度小数数据+8bit 校验位，共计 40bit。由于篇幅有限，这里只简要介绍从 DHT11 模块读取数据的必要步骤，以及相应的 Python 代码。读取数据的步骤共分为以下四步：

第一步，DHT11 上电，然后需要等待 1 秒。此时 DHT11 处于不稳定状态，在此期间不能发送任何指令。然后 DHT11 会测试环境温湿度数据并记录数据。同时 DHT11 的 DATA 引脚处于输入状态，时刻检测外部信号。

第二步，树莓派将 GPIO 端口设置为输出，并输出一个低电平，且低电平保持时间要超过 18ms，然后再将此端口设置为输入状态，等待 DHT11 给出回答信号。

第三步，DHT11 的 DATA 引脚检测到外部信号有低电平时，等待外部信号低电平结束，延迟后 DHT11 的 DATA 引脚处于输出状态，输出 80μm 的低电平作为应答信号，紧接着输出 80μm 的高电平通知外设准备接收数据，树莓派的 GPIO 端口此时处于输入状态，检测到端口有低电平（DHT11 回应信号）后，等待 80μm 的高电平后的数据接收。

第四步，由 DHT11 的 DATA 引脚输出 40bit 数据，树莓派根据 GPIO 端口电平的变化接收 40bit 数据，位数据"0"的格式为：50μm 的低电平和 26～28μm 的高电平，位数据"1"的格式为：50μm 的低电平和 70μm 的高电平。通俗地说，低电平后跟随一个时间较短的高电平，即为数据"0"；低电平后跟随一个时间较长的高电平，即为数据"1"。

以上四个步骤对应的 Python 代码如图 9.26 所示。

需要注意的是，DHT11 的工作对时序的要求很高，受硬件设备以及信号传输的影响，有可能发生时序错乱现象，一种比较典型的代表现象就是，上述代码最终接收到的 40bit 数据为全 1 状态。在这种情况下，应适当调整"k<8"这一条件，可以将数字适当增大或缩小以适应不同的硬件环境。

图 9.26　接收 DHT11 数据部分代码

接下来的工作是将接收到的 40bit 数字信号转换为温湿度数据的相应数值。可以从数组 data 中按顺序将数据 8 位取出，然后将取出的二进制数字转换为相应的十进制数字。第 1～8 位对应湿度整数数据，第 9～16 位对应湿度小数数据，第 17～24 位对应温度整数数据，第 25～32 位对应温度小数数据，最后 8 位为校验位。实际上，由于 DHT11 是一种较为廉价的传感器，数据精度有限，我们仅取出温湿度数据的整数部分就足够了。此环节代码较为简单，这里不再列出。

9.3.6　基于树莓派系统的监控图像获取

要实现对宠物箱的图像监控，需要使用树莓派配合摄像头获取宠物箱数据。要在树莓派上使用摄像头，则有很多选择。树莓派官方发布过不止一款基于 CSI 排线接口的摄像头，但是价格较为高昂。由于树莓派提供了标准的 USB2.0 接口，因此我们可以使用大多数的 USB 网络摄像头，通过 USB 接入树莓派实现图像获取的功能。

```
sudo apt-get install fswebcam
```

要实现图像的获取，可以使用 fswebcam 这款程序。该程序可通过如下命令从树莓派的软件仓库安装：

```
fswebcam –help
```

安装完毕后，可以通过如下命令获取该程序的使用帮助。由于该程序使用较为简单，这里不再一一介绍各参数的功能。在本案例中，我们使用以下命令获取一幅图像：

```
fswebcam –r 640x480 /home/pi/yeelink.jpg
```

这个命令可以获取一幅指定分辨率（640×480）的图像，并保存在用户 pi 的用户目录下，我们可以通过后面介绍的方法将这张图片上传到 Yeelink 平台，从而在远程获取到监控的图像。

9.3.7 基于 Python 环境的树莓派端功能开发

在本案例中，树莓派起到的作用是作为终端设备，连接各传感器，和 Yeelink 数据平台进行数据交互，具体包括：温湿度数据上传、开关指令的接收与执行、监控图像上传。下面先分别介绍各功能，再将各功能整合在树莓派上运行。

1. 开关遥控

开关远程遥控的功能是通过获取开关型传感器的状态，根据状态来发射红外信号控制电源的开关状态。开关型传感器的状态可以通过远程控制端操控，有关这一部分内容将在后面的客户端设计部分介绍。在这里，树莓派端所具有的功能是，从 Yeelink 平台上读取开关状态并根据此状态发射控制用的红外信号。

可以根据需要的数量在 Yeelink 平台上设置若干开关型传感器。为了示意传感器的使用，我们在 Yeelink 平台上所创建的设备中添加了两个开关型传感器，其 URL 地址分别为 http://api.yeelink.net/v1.0/device/359796/sensor/411221/datapoints（名称为 switch1）和http://api.yeelink.net/v1.0/device/359796/sensor/411583/datapoints（名称为 switch2）。它们属于同一个设备号为 359796 的设备，具有各自的传感器 ID（411221 和 411583）。

Yeelink 的开关型传感器使用 JSON 格式与客户端进行数据交互。在树莓派端，我们只需要从 Yeelink 平台上读取数据。在本章中，我们只介绍实现数据读取并发射红外指令的 Python 代码。读者要了解全部 Yeelink 有关 API 的信息，可以查阅官方 API 文档，详见 http://www.yeelink.net/developer/api。

在 Yeelink 平台中，开关型传感器和后面用到的数值型传感器都是以数据点的形式存在。一个数据点数据的 JSON 格式见表 9.1。

表 9.1　一个数据点数据的 JSON 格式

参数名	是否必需	类型	说明
key	True	Timestamp	键
value	True	Binary	值

其中第一个 key 的名称一般是 Timestamp，数据类型也是 Timestamp 类型，表示某数据被发送到 Yeelink 平台上的时间。第二个 key 的名称一般是 value，表示具体的数据值。在开关型传感器中，这个数值可能是 "0"，代表开关处于关闭状态，如果是 "1"，则代表开关当处于打开状态。例如，如果获取到的数据为：

```
{
"timestamp":"2017-09-18T21:14:20",
"value":0
}
```

则表示，这是 2017 年 9 月 18 日晚 21 时 14 分 20 秒发送的指令，0 代表这是一个 "关闭" 指令。

我们使用 Python 实现这一功能，首先运用 curl 发送一个 get 请求到传感器的 URL，从得到的 JSON 数据中将 value 的值解析出来，并与当前的开关状态对比。如果发现传感器状态与当前开关的实际状态不符，则发送红外指令改变当前开关的实际状态。

　　需要说明的是，curl 中有一部分内容为 U-ApiKey，每个 Yeelink 注册用户都会分配一个 U-ApiKey 以标识用户身份。U-ApiKey 的具体值可以在 Yeelink 的"用户中心"中的"账户"菜单里查到。本案例使用的 U-ApiKey 已被 xxxxx 代替，用户需要将其替换为自己的 U-ApiKey。

　　实现本小节功能的代码如图 9.27 所示（此代码名为 switch.py）。

```
*switch.py - /home/pi/Codes/switch.py (2.7.9)*

File  Edit  Format  Run  Options  Windows  Help

import commands
import os
#cmd1和cmd2为通过发送GET请求读取两个开关型传感器对应的curl命令
#请将xxxxx替换为自己的U-ApiKey
cmd1 = '''curl --request GET --header "U-ApiKey: xxxxx" '''
cmd1 = cmd1+'''http://api.yeelink.net/v1.0/device/359796/sensor/411221/datapoints'''
cmd2 = '''curl --request GET --header "U-ApiKey: xxxxx" '''
cmd2 = cmd2+'''http://api.yeelink.net/v1.0/device/359796/sensor/411583/datapoints'''
s1 = commands.getoutput(cmd1)#发送curl请求
s2 = commands.getoutput(cmd2)
s1 = str(s1)[s1.find('}')-1:s1.find('}')]#提取相应数据，数据位在符号'}'的前1字符
s2 = str(s2)[s2.find('}')-1:s2.find('}')]

file=open('switch','r+')#打开本地记录开关状态的文件

line = file.readline()#读取第一行，对应switch1的状态，格式为"switch1：0或1"
fs1 = str(line)[line.find(':')+1:line.find(':')+2]#提取表示状态的字符
if s1!=fs1:#与从JSON中提取的字符对比，如果不相等，则需要改变开关状态
    os.system('irsend SEND_ONCE lirc_0.conf KEY_1')#通过系统命令，发送"KEY_1"的红外信号
line = file.readline()#读取第二行，对switch2进行同样操作
fs2 = str(line)[line.find(':')+1:line.find(':')+2]
if s2!=fs2:
    os.system('irsend SEND_ONCE lirc_0.conf KEY_2')
switchString="switch1:"+s1+"\nswitch2:"+s2+"\n"#根据JSON数据格式，重写本地文件内容
file.seek(0)
file.write(switchString)#将当前开关状态写入本地文件
file.close()
```

图 9.27　开关遥控代码

2. 温湿度数据上传

　　我们已经掌握了获得温湿度数据的途径。在这里，我们介绍如何将这一数据上传到 Yeelink 数据平台。

　　根据需要，我们在 Yeelink 平台的设备上创建了两个数值型传感器，其 URL 地址分别为 http://api.yeelink.net/v1.0/device/359796/sensor/411584/datapoints（温度）和 http://api.yeelink.net/v1.0/device/359796/sensor/411585/datapoints（湿度）。就像前面介绍的，两个传感器同样属于设备号为 359796 的设备，具有不同的传感器 ID（411584 和 411585）。读者在依照本书指导自行开发系统时将会拥有不同的设备号和传感器 ID，要运行本书配套的代码，请先修改代码中的对应部分。

　　Yeelink 采用 JSON 格式与客户端进行数据交互，不管是上传数据还是下载数据。在本节中，我们只介绍要实现温湿度数据上传所必需的 Python 代码。数值型传感器同样是作为数据点存在，例如：

```
{
    "timestamp":"2017-09-01T15:00:00"
    "value":30
}
```

实际上，在上传数据的时候，可以省略 timestamp 这一项，数据上传到 Yeelink 平台后，会被自动加上时间戳这一数据。

我们使用 Python 实现这一功能，首先将获取到的温度或湿度数据嵌入到一个符合 JSON 格式的字符串中，然后将这一字符串写入一个空白的文件中。接下来，运用 curl 发送一个 post 类型的请求，完成数据上传。

如上节所述，本案例使用的 U-ApiKey 已被 "xxxxx" 代替，数据上传部分的代码如图 9.28 所示（此代码名为 temp.py）。

```python
#温度数据的上传
data = "{\"value\":"+str(temperature)+"}"#将温度数字转换为字符串，并写入JSON中
fobj=open('data','w')#将data写入当前目录下名为"data"的文件中
fobj.writelines(data)
fobj.close()
#通过curl命令，以POST形式实现数据上传，请将xxxxx替换为自己的U-ApiKey
cmd = '''curl --request POST --data-binary @data --header "U-ApiKey: xxxxx '''
cmd = cmd+'''http://api.yeelink.net/v1.0/device/359796/sensor/411584/datapoints'''
commands.getoutput(cmd)#发送curl请求，实现数据上传
#湿度数据的上传，方法与温度相同
data = "{\"value\":"+str(humidity)+"}"
fobj=open('data','w')
fobj.writelines(data)
fobj.close()
cmd = '''curl --request POST --data-binary @data --header "U-ApiKey: xxxxx" '''
cmd =cmd+'''http://api.yeelink.net/v1.0/device/359796/sensor/411585/datapoints'''#与温度不同的传感器ID
commands.getoutput(cmd)
```

图 9.28　温湿度数据上传至 Yeelink 的代码

3．监控图像上传

本节主要介绍如何将本地图片上传到 Yeelink 数据平台。我们在 Yeelink 平台的设备上创建了一个图像型传感器，其 URL 地址为：http://api.yeelink.net/v1.0/device/359796/sensor/411568/photos。

要上传图片文件至 Yeelink 平台，只需要知道图片文件的具体路径即可，具体代码如图 9.29 所示（此代码名为 py-camera.py）。

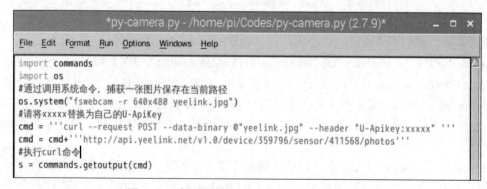

图 9.29　采集图像数据并上传至 Yeelink 的代码

4. 功能整合

至此，我们已经拥有了三段具有各自功能的代码，分别是具有红外遥控电源开关功能的 switch.py、具有温湿度数据上传功能的 temp.py 和具有图像上传功能的 py-camera.py。要实现功能整合，需要让树莓派在运行状态下可以自动运行这三段代码。在这里，我们需要用到一些基于 Linux 的基本技术，包括可执行脚本及计划任务。

脚本，简单地说就是一条条的文字命令。在 Linux 系统下，一般通过命令实现对计算机的操作，例如运行前面介绍的三个程序，可以通过下面的命令执行：

```
python switch.py
python temp.py
python py-camera.py
```

每运行一次这样的命令，相应的程序就会被执行一次。但很显然，这种运行模式是不能接受的。我们可以将这三个命令写入一个可执行脚本文件，通过执行这个脚本文件，便可以同时执行这三个 Python 程序。

我们可以通过如下命令创建一个空白的脚本文件：

```
vi yeelink.sh
```

这个命令的功能是编辑当前路径下的 yeelink.sh 文件。如果当前路径下没有该文件，则 vi 编辑器会自动创建这个文件。

进入编辑界面后，按 i 键进入编辑状态，然后将如图 9.30 所示的代码添加到这个文件中。

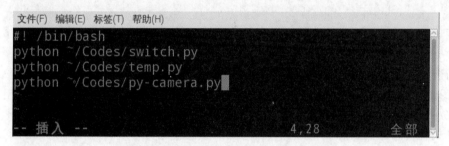

图 9.30　整合树莓派端功能的脚本文件代码

输入完毕后，首先按 Esc 键，退出编辑状态，然后依次按:、w、q 键后回车，保存并退出 vi 编辑器，一个脚本文件就编辑好了。

但是这个脚本文件目前还不能运行，输入 ls –l |grep yeelink.sh 命令查看这个文件的用户权限，如图 9.31 所示。

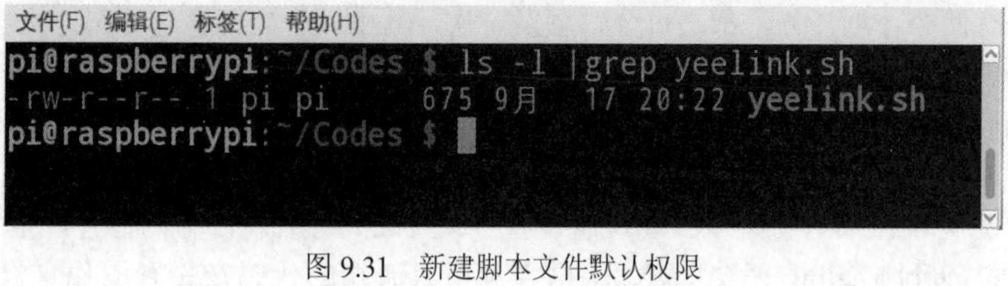

图 9.31　新建脚本文件默认权限

权限为-rw-r--r--，这表明所有用户都不具备执行该文件的权限。通过以下命令修改文件权限，允许所有用户执行该文件。

```
sudo chmod +x yeelink.sh
```

然后再次执行 ls -l |grep yeelink.sh 命令，便例发现文件权限已经变成了-rwxr-xr-x，这表明，所有用户都可以运行该脚本文件了。我们可以通过如下命令执行当前目录下的这个脚本文件。

```
./yeelink.sh
```

每当行一次这个脚本文件，文件内部的代码都会将前面提到的三段 Python 代码依次执行一次。

接下来要实现的功能是让树莓派上电开机后自动按照一定的频率执行这个脚本文件。我们需要用到计划任务。在 Linux 系统中，可以使用 cron 这个定时执行工具，在规定的时间执行指定的命令。

cron 的语法结构为：

分	小时	日	月	星期	命令
0-59	0-23	1-31	1-12	0-6	command

其中的数字表示对应位置的取值范围，在星期中，0 表示周日，一般一行对应一个任务。

在树莓派环境中，可以通过如下命令编辑当前用户的计划任务，该命令使用树莓派内置的 nano 编辑器编辑 cron 任务：

```
crontab –e
```

进入编辑界面后，可以根据屏幕下方的命令提示进行相应操作。在这里，"#"代表注释。我们将如下一行代码插入文件末尾：

```
* * * * * /home/pi/Codes/yeelink.sh
```

对应星期、月、日、时、分数字位置的"*"代表每星期、每月、每天、每小时、每分钟执行一次 yeelink.sh 脚本，也就是一分钟执行一次前面提到的三段 Python 程序。

然后通过如下命令重新启动计划任务：

```
sudo /etc/init.d/cron restart
```

至此，树莓派端全部的程序开发及系统设置工作就完成了。树莓派会以 1 分钟为间隔扫描两个开关型传感器的状态，依照开关传感器的状态使用红外遥控控制本地电源开关，获取 DHT11 的温湿度数据上传至 Yeelink 平台，获取一张图片上传至 Yeelink 平台，从而实现全部设计功能。

cron 计划任务的最小时间单位是分钟，即每分钟一次。如果希望以更小的时间间隔运行任务，可以使用以下代码：

```
* * * * * /home/pi/Codes/yeelink.sh
* * * * * sleep 30; /home/pi/Codes/yeelink.sh
```

这里面有两个计划任务，都是每分钟触发一次，其中一个立即执行，另一个会延迟 30 秒后执行。通过这样的设置，我们就实现了半分钟触发一次的功能。

但是我们并不建议大家将时间间隔调整得太小，因为根据 Yeelink 的限制，两次相邻的数据提交之间须相隔至少 10 秒，否则返回拒绝。

重新启动树莓派后，使用 PC 或其他设备登录 Yeelink 账户，在设备管理页面中将看到通过树莓派传递到 Yeelink 平台的数据，这表示树莓派端的代码及设置工作正常，如图 9.32 所示。

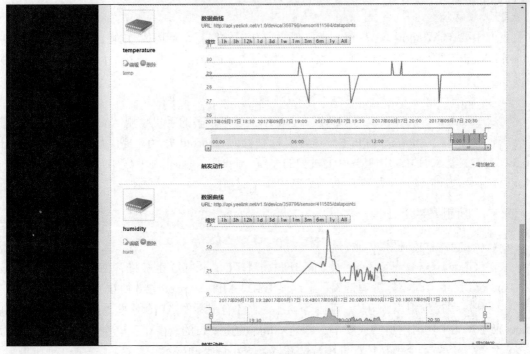

图 9.32　系统运行效果图

9.4　安卓端开发

本系统使用安卓智能设备作为远程控制终端。远程控制终端同样需要连接到 Yeelink 数据平台，通过与 Yeelink 平台进行数据交互实现对树莓派设备的控制。

9.4.1　安卓端功能综述

安卓端的主要功能是连接 Yeelink 平台，获取树莓派端上传的温湿度数据以及图像数据，与 Yeelink 平台同步开关传感器状态，发送指令给开关传感器，以实现打开或关闭远程设备电源的目的。

基于以上需求，设计安卓端应用如下：

（1）应用具有一个界面。

（2）界面上可以显示从 Yeelink 平台获取到的图像数据。

（3）界面上可以显示从 Yeelink 平台获取到的温湿度数据。

（4）可通过手动刷新功能刷新应用以获得最新数据。

（5）界面上可以显示开关传感器的开关状态。

（6）通过触摸交互，可以发送指令至 Yeelink 平台，改变开关传感器的开关状态。

9.4.2　开发环境和目标平台

在软件的开发过程中，首先需要的是为软件的开发配置相应的环境。下面将会介绍我们开发所用到的环境和软件目标平台。

1．开发环境

我们主要在 Windows 8.1 系统上完成本节代码的编写，使用的 JDK 为 1.7 版本，使用 Android Studio 2.2.3 环境完成程序开发，同时使用了 API 为 25（Android 7.1.0）的 Android SDK 提供环境依赖。

2．目标平台

随着 Android 新系统版本的不断发布，市场上越来越多的手机使用 Android 7.0 以上系统。所以，我们开发的 Android APP 主要编译目标平台为 Android 7.1.0，提供最低兼容至 Android 4.0.3，基本上覆盖了生活中 95% 以上机型的系统。同时，我们也在开发中加入了一些 Android 7.0 以后出现的新特性，这将在后面的章节中详细讲解。

9.4.3 所用框架介绍

本案例主要使用的框架如下：

（1）Glide。Glide 是 Google 员工的开源项目，Google I/O 上被推荐使用，一个高效、开源、Android 设备上的媒体管理框架，它遵循 BSD、MIT、Apache 2.0 协议发布。Glide 具有获取、解码和展示视频剧照、图片、动画等功能，它还有灵活的 API，这些 API 使开发者能够将 Glide 应用在几乎任何网络协议栈里。创建 Glide 的主要目的有两个：一个是实现平滑的图片列表滚动效果，另一个是支持远程图片的获取、大小调整和展示。

（2）ButterKnif。ButterKnife 是一个专注于 Android 系统的 View、Resource、Action 注入框架。ButterKnife 以 UI 页面为主，借助注解的方式让我们从大量的 findViewById 和 setOnClickListener 代码等繁重的工作中脱离出来，也让代码变得更加简洁、便于维护。由于 ButterKnife 使用的是编译时注解，所以和运行时注解相比，对应用的运行速度没有太大影响。

（3）Systembartint。Android 4.4 之后加入了沉浸式状态栏的功能，使界面更加美观，借助此框架可以更简单地实现沉浸式状态栏功能。

（4）OkHttp。OkHttp 是 Square 公司开发的一个精巧的网络请求库，有如下特性：①支持 http2，对一台机器的所有请求共享同一个 Socket；②内置连接池，支持连接复用，减少延迟；③支持透明的 gzip 压缩响应体；④通过缓存避免重复的请求；⑤请求失败时自动重试主机的其他 IP，自动重定向；⑥好用的 API，所以我们非常推荐在项目中使用它。

（5）Retrofit。Retrofit 是 Square 开发的一个用于网络请求的开源库，内部封装了 OkHttp，并且和 RxAndroid 完美兼容，使得 Android 的开发效率增加很多的同时也使代码变得清晰易读。

（6）RxJava。RxJava 是一个能用极其简洁的逻辑去处理繁琐复杂任务的异步事件库。RxJava 是观察者模式的升级，相比于 Handler 来说，优点就在于简洁，逻辑上非常简单明了。

9.4.4 安卓端系统开发

1．使用 Android Studio 创建项目

在本节中，我们介绍基于 Android Studio 2.2.3 创建一个项目的方法。

打开 Android Studio 并创建一个项目，项目称为 DeviceManager，公司名为 tustcs.com，包名自动生成为 com.tustcs.devicemanager，如图 9.33 所示。

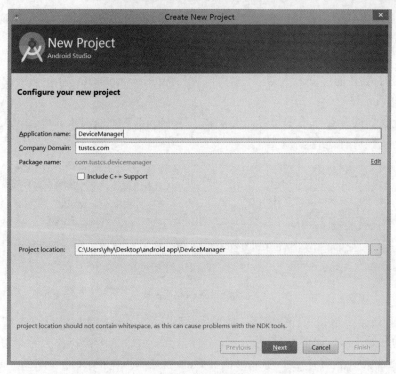

图 9.33　创建项目

选择 Phone and Tablet 类型项目，使用的 Minimom SDK 为 API15：Android 4.0.3 版本，如图 9.34 所示。

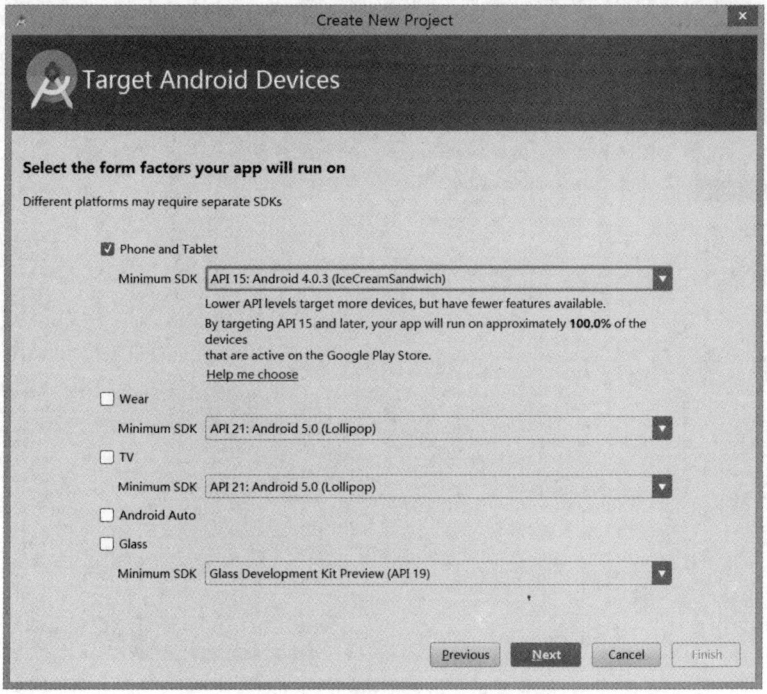

图 9.34　选择 Minimum SDK

然后点击 Next 按钮，选择创建一个 Empty Activity，Activity Name 设置为 MainActivity，点击 Finish 按钮完成项目创建。

截至目前，Android 系统已经发布了 8.0 版本，7.0 以上版本机型已经占据了一定的市场份额，希望我们的 APP 能保证最大兼容性的话，则需要基于 Android 7.1 的 SDK 进行开发，并对 Android 7.0 系统进行一些适配。

需要检查我们的开发环境中是否已经下载了 Android 7.0 的 SDK，如图 9.35 所示，点击 SDK Manager 按钮进行查看。

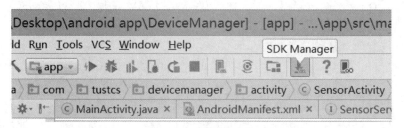

图 9.35　SDK Manager

如果没有下载 Android 7.1 的 SDK，则可以点击勾选 Android 7.1，然后点击右下角的 Apply 按钮即可自动开始下载，如图 9.36 所示。下载完成后，我们需要点击左上角菜单栏 File 选项，选择 Project Structure，然后分别将 Properties 和 Flavors 选项卡中的 Compile Sdk Version 和 Target Sdk Version 设置为 Android 7.1.1，如图 9.37 所示。

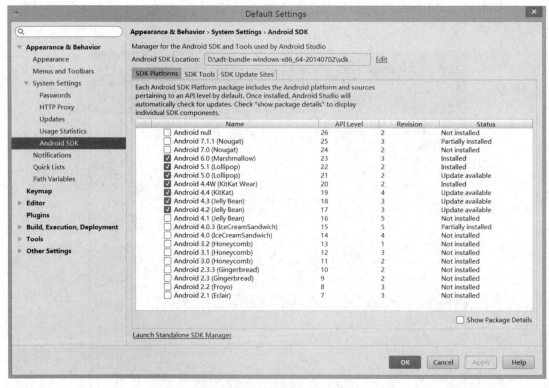

图 9.36　下载 Android 7.1 SDK

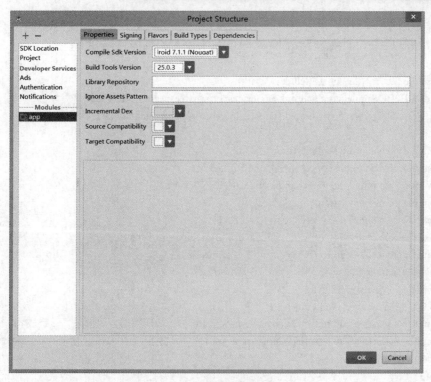

图 9.37　设置 SDK 版本

2.　创建目录结构与实体类

（1）创建目录与导入框架。

在本节中，将真正开始进行代码编写，在编写代码之前，为了项目能有更好的结构，方便进行管理，我们需要在 com.tustcs.filemanager 包下再创建一些包，如图 9.38 所示。

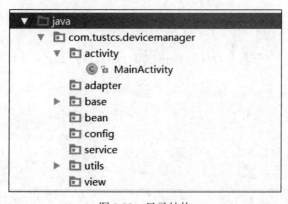

图 9.38　目录结构

其中，activity 包存放所有 activity 相关代码，并在创建成功后将 MainActivity 移动到 activity 包下，adapter 包是存放所有与适配器有关的代码，base 包是存放所有基础类的代码，bean 包是存放所有实体类的代码，config 包是存放所有系统配置相关类的代码，service 包主要存放所有网络请求相关类的代码，utils 存放相关工具类的代码，view 存放自定义控件的代码。

建立完相关代码包以后，需要导入一下在之后开发中会用到的框架。在 Android Studio 中导入框架非常简单，打开项目中 APP 目录下的 build.gradle 文件，在 dependencies 节点加入需要的框架，然后点击右上角的 Sync Now 即可完成导入。具体代码如下：

```
dependencies {
    compile fileTree(dir: 'libs', include: ['*.jar'])
    androidTestCompile('com.android.support.test.espresso:espresso-core:2.2.2', {
        exclude group: 'com.android.support', module: 'support-annotations'
    })
    compile 'com.android.support:design:25.3.0'
    compile 'com.android.support:appcompat-v7:25.3.0'
    compile 'com.github.bumptech.glide:glide:3.7.0'
    compile 'com.jakewharton:butterknife:7.0.1'
    compile 'com.android.support:support-v4:25.3.0'
    compile 'com.readystatesoftware.systembartint:systembartint:1.0.3'
    compile 'com.squareup.retrofit2:retrofit:2.1.0'//retrofit
    compile 'com.google.code.gson:gson:2.6.2'//Gson 库
    compile 'io.reactivex:rxjava:1.2.1'
    compile 'io.reactivex:rxandroid:1.2.1'
    compile 'com.squareup.retrofit2:converter-gson:2.1.0'        //转换器，请求结果转换成 Model
    compile 'com.squareup.retrofit2:adapter-rxjava:2.1.0'        //配合 Rxjava 使用
    testCompile 'junit:junit:4.12'
}
```

（2）创建配置类。

在 config 包下新建一个类，名字为 Config，在该类中加入以下代码：

```
public static final String URL = "http://api.yeelink.net/v1.0/";    //Yeelink 服务器地址
public static final String APIKEY = "XXXXXXXXXXXXXXXXXXXXXXXXXXXXX";    //该处填写 Yeelink 账
//号的 API KEY，可登录 yeelink 后台在我的账号设置中查看
```

（3）创建实体类。

根据 Yeelink 官方文档，我们需要创建相应的实体类，用来接收并解析 Yeelink 返回给我们的数据。

在 bean 目录下创建一个名为 DeviceItem 的类，加入以下属性，并且实现相应的 getter/setter 方法：

```
private int id = 0;
private String title = "";
private String about = "";
```

类似地创建一个名为 SensorItem 的类，加入以下属性：

```
private int id = 0;
private String title = "空调";
private String about = "空调";
private int type = 0;
private String last_update = "";
private String last_data = "0";
private String last_data_gen = "";
```

类似地创建一个 Data 类，加入以下属性：

```
private int value = 0;
```

3．构建 activity 基本类及首页界面布局

（1）创建 activity 基本类。

在前几节中我们已经把数据都准备好了，现在就来开始编写界面代码，这也是最直观的一节。在本节中，我们需要构建 activity 基本类。在此之前，先在 base 包下创建两个所有 activity 都共有的属性方法的基础抽象类 BaseActivity。

BaseActivity 的代码如下：

```java
public abstract class BaseActivity extends AppCompatActivity {

    @Override
    public void onCreate(Bundle savedInstanceState) {
        super.onCreate(savedInstanceState);
        //设置无标题
        supportRequestWindowFeature(Window.FEATURE_NO_TITLE);
        //设置竖屏
        setRequestedOrientation(ActivityInfo.SCREEN_ORIENTATION_PORTRAIT);
        setContentView(getLayoutId());
        StatusBarUtil.setTranslucentStatus(this, R.color.color_48baf3); //使用状态栏工具类实现沉浸式状态栏
//具体实现见源代码
        ButterKnife.bind(this);
        this.initViewAndEvent();
    }

    //初始化 view
    public abstract void initViewAndEvent();

    //获取布局文件
    public abstract int getLayoutId();

    @Override
    protected void onDestroy() {
        super.onDestroy();
        ButterKnife.unbind(this);
    }
}
```

之后将 MainActivity 使用 Android Studio 的 Refactor 功能更改为 SensorActivity.java，并且让 SensorActivty 继承至 BaseActivity，然后将其移动至 activity 包下。

（2）创建布局代码。

下面开始创建主界面布局代码文件 activity_sensor.xml。

注意：在布局文件中用到的 value 包下的 colors.xml、dimens.xml、strings.xml、styles.xml 请参考源代码。

主界面的布局文件 activity_sensor.xml。

```xml
<?xml version="1.0" encoding="utf-8"?>
<LinearLayout xmlns:android="http://schemas.android.com/apk/res/android"
android:layout_width="match_parent"
android:layout_height="match_parent"
```

```
android:background="@color/color_48baf3"
android:orientation="vertical"
android:fitsSystemWindows="true">

<RelativeLayout
    android:layout_width="match_parent"
    android:layout_height="46dp"
    android:background="@color/color_48baf3">

    <TextView
        android:id="@+id/tv_title_middle"
        android:layout_width="wrap_content"
        android:layout_height="wrap_content"
        android:layout_centerInParent="true"
        android:textColor="@color/md_white_1000"
        android:textSize="18sp"/>


</RelativeLayout>
<ScrollView
    android:layout_width="match_parent"
    android:layout_height="match_parent">
    <LinearLayout
        android:layout_width="match_parent"
        android:orientation="vertical"
        android:layout_height="match_parent">
        <RelativeLayout
            android:layout_width="match_parent"
            android:layout_height="250dp" >
            <TextView
                android:id="@+id/pic_btn"
                android:layout_width="wrap_content"
                android:background="@color/md_white_1000"
                android:paddingTop="10dp"
                android:paddingBottom="10dp"
                android:paddingLeft="8dp"
                android:layout_centerInParent="true"
                android:paddingRight="8dp"
                android:text="点击获取最新照片"
                android:textColor="@color/color_48baf3"
                android:layout_height="wrap_content" />
            <ImageView
                android:id="@+id/iv_pic"
                android:scaleType="fitXY"
                android:layout_width="match_parent"
                android:layout_height="match_parent" />
```

```xml
        <ImageView
            android:id="@+id/refresh_btn"
            android:layout_width="wrap_content"
            android:layout_alignParentRight="true"
            android:layout_alignParentBottom="true"
            android:layout_marginRight="26dp"
            android:layout_marginBottom="26dp"
            android:src="@drawable/refresh"
            android:layout_height="wrap_content" />
    </RelativeLayout>
    <LinearLayout
        android:layout_width="match_parent"
        android:layout_marginRight="56dp"
        android:layout_marginLeft="56dp"
        android:orientation="horizontal"
        android:layout_height="80dp">
        <RelativeLayout
            android:layout_width="0dp"
            android:layout_weight="1"
            android:layout_height="match_parent">
            <LinearLayout
                android:layout_width="wrap_content"
                android:layout_centerInParent="true"
                android:orientation="horizontal"
                android:layout_height="wrap_content">
                <ImageView
                    android:layout_width="wrap_content"
                    android:src="@drawable/temp"
                    android:layout_height="wrap_content" />
                <TextView
                    android:id="@+id/tv_temp"
                    android:layout_width="wrap_content"
                    android:text="30℃"
                    android:layout_gravity="center_vertical"
                    android:layout_marginLeft="8dp"
                    android:textColor="@color/md_grey_50"
                    android:layout_height="wrap_content" />
            </LinearLayout>

        </RelativeLayout>
        <RelativeLayout
            android:layout_width="0dp"
            android:layout_weight="1"
            android:layout_height="match_parent">
            <LinearLayout
                android:layout_width="wrap_content"
```

```
                android:layout_centerInParent="true"
                android:orientation="horizontal"
                android:layout_height="wrap_content">
                <ImageView
                    android:layout_width="wrap_content"
                    android:src="@drawable/humi"
                    android:layout_height="wrap_content" />
                <TextView
                    android:id="@+id/tv_humi"
                    android:layout_width="wrap_content"
                    android:text="67%"
                    android:layout_gravity="center_vertical"
                    android:layout_marginLeft="8dp"
                    android:textColor="@color/md_grey_50"
                    android:layout_height="wrap_content" />
            </LinearLayout>
        </RelativeLayout>
    </LinearLayout>
    <LinearLayout
        android:layout_width="match_parent"
        android:layout_marginRight="56dp"
        android:layout_marginLeft="56dp"
        android:orientation="horizontal"
        android:layout_height="80dp">
        <RelativeLayout
            android:id="@+id/hot_ll"
            android:layout_width="0dp"
            android:layout_weight="1"
            android:layout_height="match_parent">
            <ImageView
                android:id="@+id/hot_switch"
                android:layout_width="wrap_content"
                android:layout_centerInParent="true"
                android:src="@drawable/hot_white"
                android:layout_height="wrap_content" />
        </RelativeLayout>
        <RelativeLayout
            android:id="@+id/fan_ll"
            android:layout_width="0dp"
            android:layout_weight="1"
            android:layout_height="match_parent">
            <ImageView
                android:id="@+id/fan_switch"
                android:layout_width="wrap_content"
                android:layout_centerInParent="true"
                android:src="@drawable/speed_high_grey"
```

```
                        android:layout_height="wrap_content" />
                </RelativeLayout>
            </LinearLayout>
        </LinearLayout>
    </ScrollView>

</LinearLayout>
```

4. 主界面功能开发

（1）处理初始化事件。

本次采用 Android Butter Knife 框架将 View 控件用注解的方法注入到 Java 中。

这里介绍一下 Android Butter Knife 框架。

很多工程都用到了 Butter Knife 这个框架，能节省很多代码量。像 findViewById 这种代码就不用再出现了，使用@BindView 注解并传入一个 View ID，ButterKnife 就能够帮你找到对应的 View，并自动地进行转换（将 View 转换为特定的子类）。同时通过@OnClick 注解可以非常快速地处理点击事件，而且这个框架也提供了很多其他有用的注解，想具体了解 Android Butter Knife 框架，请访问官网 https://github.com/JakeWharton/butterknife，对以后写代码有很多好处。

注意： SensorActivty 继承 BaseActivity。

首先创建一些 SensorItem 对象，用于存储从服务器获取回来的数据。

```
private SensorItem humiSensor = new SensorItem();
private SensorItem tempSensor = new SensorItem();
private SensorItem hotSensor = new SensorItem();
private SensorItem fanSensor = new SensorItem();
private SensorItem picSensor = new SensorItem();
private String img_url = "";
private String deviceName = "测试设备";
```

接下来，需要指定当前 activity 的布局代码文件，并通过 Butter Knife 绑定控件。

```
/**指定当前 activity 布局文件**/
@Override
public int getLayoutId() {
    return R.layout.activity_sensor;
}

@Bind(R.id.tv_title_middle)
TextView tv_title_middle;

@Bind(R.id.tv_humi)
TextView tv_humi;

@Bind(R.id.tv_temp)
TextView tv_temp;

@Bind(R.id.hot_switch)
ImageView hot_switch;
```

```
@Bind(R.id.fan_switch)
ImageView fan_switch;

@Bind(R.id.iv_pic)
ImageView pic_iv;
```

到目前为止，有关界面相关代码的开发工作基本完成，下面需要实现获取数据并在 activity 中展示出来。

（2）从服务器获取数据。

Retrofit 是一个当前很流行的网络请求库，在这里将结合 Ok Http 使用 Retrofit，首先需要在 manifest 文件中申请使用网络的权限。

```
<uses-permission android:name="android.permission.INTERNET" />
```

然后需要在 Util 包中创建一个 RetrofitUtil 类，用以对创建 Retrofit 对象的操作进行封装，同时对 Retrofit 使用的 OkHttpClient 添加拦截器，统一在 header 中设置 API Key，用以实现权限认证，获取数据。

```
/**创建 retrofit 对象**/
public static Retrofit getRetrofit() {
    return new Retrofit.Builder()
            .baseUrl(Config.URL)
            .client(genericClient())
            .addConverterFactory(GsonConverterFactory.create())      //用 Gson 作 json 转换器
            .addCallAdapterFactory(RxJavaCallAdapterFactory.create())
            .build();
}

/**使用 OkHttp 提供 Client**/
public static OkHttpClient genericClient() {

    OkHttpClient httpClient = new OkHttpClient.Builder()
            .addInterceptor(new Interceptor() {
                @Override
                public Response intercept(Chain chain) throws IOException {
                    Request request = chain.request()
                            .newBuilder()
                            .addHeader("U-ApiKey", Config.APIKEY) //添加 API KEY 的 Header
                            .build();
                    return chain.proceed(request);
                }
            })
            .build();
    return httpClient;
}
```

下面将根据 Yeelink 官方的文档在 service 包下创建 DeviceService，用以查询设备列表。从 Yeelink 官网我们可以了解到，罗列设备时，我们需要调用的请求地址为

http://api.yeelink.net/v1.0/devices，调用方式为 get，不需要传递参数。

```
//获取设备列表
@GET("devices")
Observable<List<DeviceItem>> queryDeviceList();
```

在上面的代码中，因为 Retrofit 实际请求时会将我们传入 get 中的地址拼接在我们创建 Retrofit 的 baseURL 后面，所以在这里只需写 devices 即可，同时需要将返回数据解析成 List<DeviceItem>类型。

同理，继续在 service 包下创建 SensorService 接口。

```
//获取传感器列表
@GET("device/{deviceId}/sensors")
Observable<List<SensorItem>> querySensorList(@Path("deviceId") int deviceId);
```

在这里和上方有点区别的是，我们需要在 URL 地址里传递一些参数，不过可以通过@Path 注解来实现。

接下来，就需要在 activity 中创建 Retrofit 对象调用刚刚创建的 service 了。

首先，在 activity 中，需要通过 Retrofit 实例化相应的 service 接口。

```
sensorService = RetrofitUtil.getRetrofit().create(SensorService.class);
deviceService = RetrofitUtil.getRetrofit().create(DeviceService.class);
```

然后通过结合 RxJava 去查询设备列表。

```
public void queryDeviceList(){
    Subscription subscription = deviceService.queryDeviceList()
            .subscribeOn(Schedulers.io())
            .observeOn(AndroidSchedulers.mainThread())
            .subscribe(new Subscriber<List<DeviceItem>>() {
                @Override
                public void onCompleted() {
                }
                @Override
                public void onError(Throwable e) {
                }
                @Override
                public void onNext(List<DeviceItem> deviceItems) {
                    if(deviceItems.size() <= 0){
                        Toast.makeText(SensorActivity.this,"设备不存在，请先添加设备",
                        Toast.LENGTH_LONG).show();
                        return;
                    }
                    deviceId = deviceItems.get(0).getId();
                    deviceName = deviceItems.get(0).getTitle();
                    tv_title_middle.setText(deviceName);
                    querySensorList(deviceId);
                }
            });
}
```

用 RxJava 实现后，请求返回的是一个 Observable，用 subscribe()添加一个订阅者，即它的观察者。当请求返回后，回到主线程，更新 UI。这是单个请求的例子，所以 RxJava 的优势不是很明显，如果我们有多个请求，用 RxJava 进行变换组合显然是更好的选择。用 RxJava 进行线程切换，上个例子中.subscribeOn(Schedulers.io())指定 Observable 的工作，在我们的例子中 Observable 的工作即发送请求，在 io 线程中，指定了被观察者的处理线程；.observeOn (AndroidSchedulers.mainThread())指定最后 onNext()回调在主线程，即指定了通知后续观察者的线程。

在查询设备列表成功后，默认取第一个设备的数据，我们首先获取到设备的 ID 和设备名，然后将设备名设置到标题栏上去。接下来，查询设备上的传感器列表。

```java
public void querySensorList(int deviceId){
    Subscription subscription = sensorService.querySensorList(deviceId)
            .subscribeOn(Schedulers.io())
            .observeOn(AndroidSchedulers.mainThread())
            .subscribe(new Subscriber<List<SensorItem>>() {
                @Override
                public void onCompleted() {
                }
                @Override
                public void onError(Throwable e) {
                }
                @Override
                public void onNext(List<SensorItem> sensorItems) {
                    setupData(sensorItems);
                }
            });
}
```

查询设备传感器数据成功后，需要通过 about 的值将相应的数据关联到 activity 上的对象上。

```java
private void setupData(List<SensorItem> sensorItemList) {
    for(SensorItem item:sensorItemList){
        if(item == null) continue;
        switch (item.getAbout()){
            case "hot":
                hotSensor = item;
                break;
            case "fan":
                fanSensor = item;
                break;
            case "humi":
                humiSensor = item;
                break;
            case "temp":
                tempSensor = item;
                break;
            case "pic":
                picSensor = item;
                img_url = "http://api.yeelink.net/v1.0/device/" + deviceId + "/sensor/" + picSensor.getId() +
```

```
                            "/photo/content/";   //获取当前设备上的图像传感器的图像地址
                break;
            }
        }
    setView();
}
```

在整理数据的过程中，如果我们的传感器中有图片传感器，则可以通过拼接地址的方式获取到当前图片传感器最新的图片地址，方便我们后面获取图片。

获取到数据后，应该通过 setView 函数将其显示到界面上去。

```
private void setView(){
    tv_humi.setText(humiSensor.getLast_data() + "%");
    tv_temp.setText(tempSensor.getLast_data() + "℃");
    int hotStatus = 0;
    int fanStatus = 0;
    try{
        hotStatus = Integer.valueOf(hotSensor.getLast_data().toString());
        fanStatus = Integer.valueOf(fanSensor.getLast_data().toString());
    }catch (Exception e){
        e.printStackTrace();
    }
    setHotSwitch(hotStatus);
    setFanSwitch(fanStatus);
}
```

对于风扇和加热器开关两个控件，因为对它们的状态修改会在多个地方使用，所以我们将其抽成了函数，方便以后调用。

```
private void setHotSwitch(int status){
    hot_switch.setImageResource(status == 1 ? R.drawable.hot_red : R.drawable.hot_white);
}
```

```
private void setFanSwitch(int status){
    fan_switch.setImageResource(status == 1 ? R.drawable.speed_high_blue : R.drawable.speed_high_grey);
}
```

在上面我们获取到图片传感器的图片地址后，可以监听获取图片按钮事件，通过 Glide 轻松地实现图片加载。

```
@OnClick(R.id.pic_btn)
void pic_btn_click(){
    GlideUrl glideUrl = new GlideUrl(img_url, new LazyHeaders.Builder()
            .addHeader("U-ApiKey", Config.APIKEY)     //因为图片非公开，需要设置 API KEY 访问
            .build());
    Glide.with(this)
            .load(glideUrl)
            .skipMemoryCache(true)
            .diskCacheStrategy(DiskCacheStrategy.NONE)
            .into(pic_iv);
}
```

此处需要注意的是，Gilde 为了提高图片的加载速度和节省流量，默认开启了内存和磁盘缓存。加载图片时，会先判断内存中是否已经有对应地址的图片的数据，如果没有的话，再去磁盘中查找是否有对应地址的图片，如果一旦在内存或者磁盘中发现已经保存有该地址的图片，就会直接将该图片加载至我们指定的 ImageView 中；否则就会从给定的原始地址加载图片，同时将图片缓存到磁盘和内存中。

在这个 APP 中，我们加载的图片地址是不会发生变化的，所以默认图片一旦加载成功，之后每次请求都不会重新加载最新的图片，但是我们希望能够实时获取到关于宠物的最新情况的图片，所以我们需要关闭 Glide 的磁盘和内存缓存。具体实现可以通过 skipMemoryCache(true) 方法指定跳过内存缓存，然后再通过调用 diskCacheStrategy(DiskCacheStrategy.NONE) 方法指定不使用磁盘缓存。

"刷新图片"按钮与"获取图片"按钮的事件处理方式类似，不再赘述。

为了实现数据及时更新，可以将 queryDeviceList 函数写在 OnResume 函数中，这样，当手机屏幕关闭后开启时，或者从别的应用程序切换到我们的应用程序时，都能更新当前主页面的数据。

（3）发送控制指令。

下面将要使用点击开关按钮发送指令的功能。通过查阅 Yeelink 官网的 API 文档可知，发送数据时需要直接传递 JSON 数据，这时就需要更改 Request 的 Content-Type 属性。但是在 Retrofit 中，对于 Request 的相应属性设置比较麻烦，所以选择直接使用 OkHttp 来实现。

```java
public void updateSensorInfo(int deviceId,int sensorId,Data data){
    OkHttpClient client = RetrofitUtil.genericClient();
    RequestBody body = RequestBody.create(MediaType.parse("application/json; charset=utf-8"), new
Gson().toJson(data)); //设置 Content-Type 属性
    Request request = new Request.Builder()
            .url(Config.URL + "device/"+ deviceId + "/sensor/" + sensorId + "/datapoints/")
            .post(body)
            .build();

    client.newCall(request)
            .enqueue(new Callback() {   //异步发送请求
                @Override
                public void onFailure(Call call, IOException e) {
                    e.printStackTrace();
                }
                @Override
                public void onResponse(Call call, Response response) throws IOException {
                    System.out.println(response.body().string());
                    System.out.println("修改成功");
                }
            });
}
```

以上代码实现了异步发送 post 请求的功能，因为 Yeelink 的更改传感器数据接口没有返回值，我们只能默认不出异常的情况下都修改成功了。

　　下面将定义按钮的事件处理方法，并且调用 updateSensorInfo 方法发送控制命令，修改开关状态。

```
/**处理加热器开关点击事件**/
@OnClick(R.id.hot_ll)
void hot_switch_click(){
    int hotStatus = 0;
    try{
        hotStatus = Integer.valueOf(hotSensor.getLast_data().toString());
    }catch (Exception e){
        e.printStackTrace();
    }
    hotStatus = hotStatus == 1 ? 0 : 1;
    hotSensor.setLast_data(hotStatus + "");
    setHotSwitch(hotStatus);
    Data data = new Data();
    data.setValue(hotStatus);
    updateSensorInfo(deviceId,hotSensor.getId(),data);
}
/**处理风扇开关点击事件**/
@OnClick(R.id.fan_ll)
void fan_switch_click(){
    int fanStatus = 0;
    try{
        fanStatus = Integer.valueOf(fanSensor.getLast_data().toString());
    }catch (Exception e){
        e.printStackTrace();
    }
    fanStatus = fanStatus == 1 ? 0 : 1;
    fanSensor.setLast_data(fanStatus + "");
    setFanSwitch(fanStatus);
    Data data = new Data();
    data.setValue(fanStatus);
    updateSensorInfo(deviceId,fanSensor.getId(),data);
}
```

至此，安卓端系统开发工作全部结束。

9.5　系统功能整合测试

　　确定树莓派端设备及各传感器工作正常。前面提到过，由于设置了 cron 计划任务，当树莓派设备上电后，会按照一定的时间间隔执行脚本程序，而脚本程序中的代码会依次执行红外遥控功能、温湿度数据上传功能和监控图像上传功能。要判断树莓派端是否工作正常，只需要登录 Yeelink 账户，在设备管理中观察各传感器是否有数据传输到 Yeelink 平台、数据是否符合实际情况、是否有图像数据上传到图像传感器。还可以通过管理界面点击开关型传感器的控制按钮观察被遥控电源开关是否受控。在 Yeelink 数据平台的用户中心界面中，可以看到所有传感器的状态及数据。如图 9.39 所示，开关传感器 switch1 的颜色是绿色，表示该开关处于开启状态。如图 9.40 所示，可以看到图像传感器上所有图像的缩略图以及对应的时间。如图 9.41 所示，可以看到温度传感器的数据，鼠标划过的时候会显示相应数据点的详细信息。以上表明，树莓派端工作正常。

图 9.39　系统运行后开关传感器状态

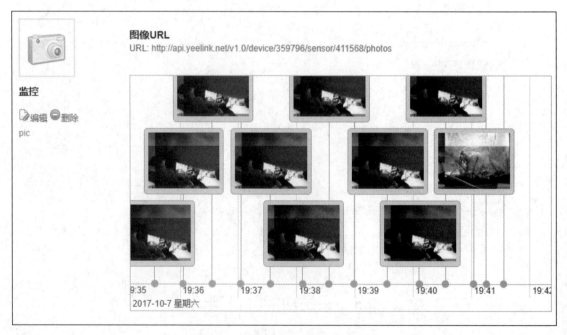

图 9.40　系统运行后图像传感器数据

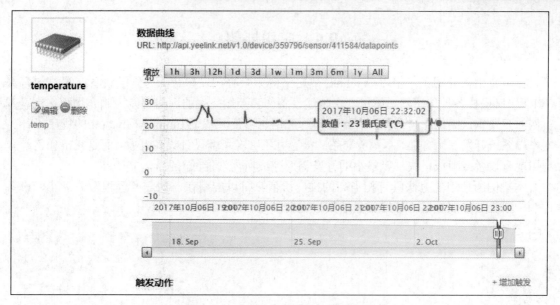

图 9.41　系统运行后温度传感器数据

在测试树莓派端功能正常情况下，打开安卓端应用程序，观察应用中的温湿度数据是否与 Yeelink 平台一致、数据刷新是否及时、是否能获取到最新的监控图像。点击界面中的控制按钮观察是否可以改变 Yeelink 平台相应的开关状态、树莓派端被遥控设备是否有正常的响应。安卓端测试运行界面如图 9.42 所示。

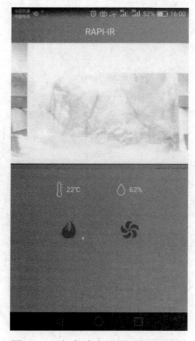

图 9.42　安卓端应用测试运行界面

如一切功能正常则表示系统的开发阶段顺利结束，各项功能和性能都达到了设计的目标。如果某方面存在异常，请重新检查相关部分的代码及设置。

9.6　应用展望

在本章中，介绍了一个以 Yeelink 数据平台为中心，以树莓派为终端设备，通过树莓派 GPIO 端口操控各种传感器，使用安卓智能设备作为控制终端的远程智能控制宠物箱实例。本实例的开发重点突出在树莓派 GPIO 端口的应用、树莓派基于 Linux 和 Python 的程序设计、安卓端系统开发三个方面。本章所介绍的内容并不涉及所需硬件设备开发，而是突出如何综合利用现有设备或现成模块，以最小的开发周期完成所需功能的开发。

本案例所使用的方法具有相当高的推广价值，可以应用在一切需要远程数据采集、设备控制、图像监控的领域，开发成本低廉，应用领域广泛。

第 10 章　工业设备物联网应用案例

本章导读

物联网是新一代信息技术的重要组成部分，也是信息化时代的重要发展阶段。它通过各种信息传感设备实时采集任何需要监控、连接、互动的物体或过程等各种需要的信息，与互联网结合形成一个巨大的网络。工业设备的物联网监控作为智能制造体系的一个重要环节，受到越来越多的重视。本章我们将通过物联网三层体系结构来更详细地了解物联网在工业设备中的应用。

本章我们将学习以下内容：
● 物联网三层体系结构下的现有解决方案
● 物联网相关技术方向以及应用案例

10.1　项目简介

10.1.1　背景介绍

工业设备的物联网监控作为智能制造体系的一个重要环节，受到越来越多的重视。不仅是智能服务的概念，更多的是通过远程诊断维护可以快速高效地解决问题；不仅为最终用户降低死机时间，同样可以节约设备制造企业的售后维护成本。

目前，多数单机设备的控制参数调整、报警信息都是通过触摸屏（HMI）进行操作或展示（存储）。设备制造厂商在提供维保的过程中或到现场读取数据，或电话沟通解决，这些方式都存在相应弊端，利用物联网解决方案实现远程运维符合智能服务的发展，同时也有助于降低企业维保成本。

10.1.2　系统简介

本章将介绍物联网三层体系中各个层面的运作原理以及现有技术应用和实现方法，从实际应用中了解物联网相关技术方向，构建物联网知识体系结构。

感知层解决的是人类世界和物理世界的数据获取问题，由各种传感器以及传感器网关构成。

传输层也被称为网络层，解决的是感知层所获得的数据在一定范围内的传输问题，通常是长距离的传输问题，主要完成接入和传输功能，是进行信息交换、传递的数据通路，包括接入网与传输网两种。

应用层也可称为处理层，解决的是信息处理和人机界面的问题。网络层传输而来的数据在这一层里进入各类信息系统进行处理，并通过各种设备与人进行交互。

在各层之间，信息不是单向传递的，可有交互、控制等，所传递的信息多种多样，包括在特定应用系统范围内能唯一标识物品的识别码和物品的静态与动态信息。

10.2　项目设计

设计一套完整的物联网解决方案首先应从三层体系出发，分类设计各个层之间需要考虑的问题和现有技术方案。

（1）感知层：微控制器选型和传感器选型。

感知层主要用于采集数据，常规的解决方案为微处理器加各种传感器及通信模块，因此该层涉及微控制器选型、通信模组选型及传感器选型。

（2）传输层：通信模组选型。

传输层解决的是感知层所获得的数据在一定范围内的传输问题，通常是长距离的传输问题，主要完成接入和传输功能，是进行信息交换、传递的数据通路。

（3）应用层：应用平台选择。

应用层解决的是信息处理和人机界面的问题，目前可供选择的应用平台分为三种：Web应用、PC应用、嵌入式应用。

10.3　项目开发

本项目提供 IoT Box（Modbus 专 2G，RS485&RS232）物联网软硬件整体解决方案，方案基于强大且低功耗的 IoT 核心硬件（如图 10.1 所示）功能完备的软件系统平台以及定制化设计、开发的研发能力，基于上述能力，本项目重点解决的是用于监控的物联网智能硬件，以及配套的管理平台（中控室）、智能终端 APP（手机、平板等）。

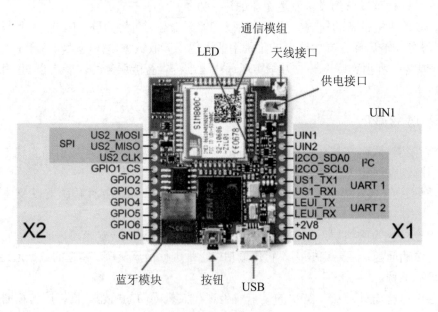

图 10.1　IoT 核心板

10.3.1　物联网硬件开发及集成设计

基于标准物联网 CB100 系列技术平台，提供 RS232/RS485 接口，支持标准的 Modbus 通信协议，支持市场上的绝大多数工业控制器及触摸屏（HMI)，同时具备标准的接口配置模板，方便设备工程师快速上手，并快速配置所需要监控的相关信息（寄存器地址）。

1.　微控制器选型

该方案选择的微控制器（MCU）为 Silicon Labs 的 EFM32 Giant Gecko 系列产品，如图 10.2 所示，它基于 ARM Cortex-M3 的 32 位微控制器（MCU)，具有最高 1024KB 的闪存配置、128KB 的 RAM 和高达 48MHz 的 CPU 速度，该款微控制器的最大特点是提供高内存和连接性的同时，提供超高优化的能耗管理水平。Giant Gecko MCU 封装尺寸小至 7×7mm，具有整片选项，并配有自主低能耗外设，包括 AES 加密、脉冲计数器、低能耗 UART、一个低能耗传感器接口和片上运算放大器等。

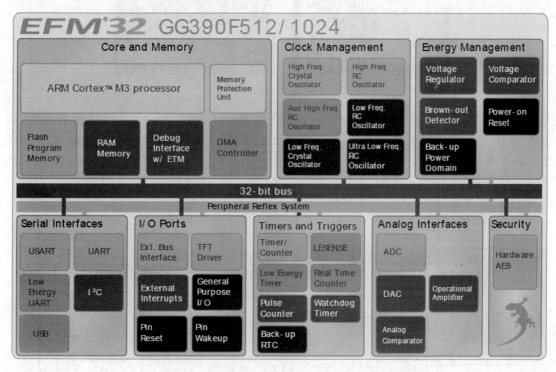

图 10.2　EFM32 Giant Gecko 系列产品

物联网采集模块基于通用数据接口以及标准 Modbus 协议进行数据采集，将数据上传管理平台进行相关处理，设备制造企业通过 API 调取数据并用于平台分析或报警推送、维保推送。

功耗优化是该款处理器的主要特征，在倡导节能减排、降低能源消耗的需求下，作为物联网硬件的核心处理器对功耗的要求更好，特别是在电池供电的工作模式下，该系统具有灵活的能耗管理系统，5 个不同能耗模式如下：

- 20nA 关闭模式（RTC 为 0.4μA)。
- 0.8μA 的停止模式，包括加电复位、欠压探测器、RAM 和 CPU 保持。
- 1.1μA 的深度睡眠模式，包括具有 32.768kHz 振荡器的 RTC、加电复位、欠压探测器、

RAM 和 CPU 保持。

- 80μA/MHz 的睡眠模式。
- 219μA/MHz 的运行模式，代码在闪存中执行。

2. 通信模组选型

本物联网解决方案基于运营商网络进行数据传输，通信模组是该系统核心组件之一，在 2G 网络工作环境下，选择 SIMCom 的 SIM800C 作为通信模组（如图 10.3 所示），该模组是一款四频 GSM/GPRS 模块，为 LGA 封装。其性能稳定、外观小巧、性价比高，能满足客户的多种需求。

图 10.3　SIM800C 的外观

SIM800C 的工作频率为 GSM/GPRS 850/900/1800/1900MHz，结构如图 10.4 所示，可以低功耗实现语音、SMS 和数据信息的传输。SIM800C 的尺寸为 17.6×15.7×2.3mm，引脚功能如图 10.5 所示，能满足各种紧凑型产品设计需求。

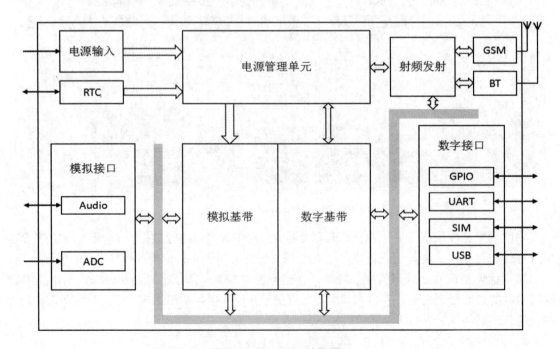

图 10.4　SIM800C 结构图示

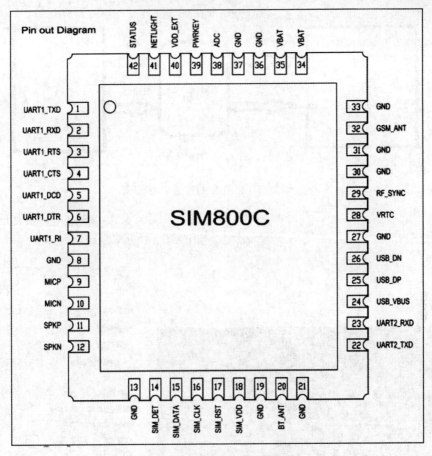

图 10.5　SIM800C 引脚功能图

　　基于 IoT 核心板硬件，可选具备 GNSS 功能及蓝牙功能的通信模组，如图 10.6 所示，并结合用户需求增加一定容量的可充电电池以及内延长天线。日常工作，该硬件通过设备自身的 24V 供电，并通过接口与监控设备的控制器进行连接，主要模式为物联网硬件（主）、监控设备（从），以便设备主动从设备寄存器地址抓取相关需求数据，并进行压缩处理及数据上传。MODBUS RTU 采集流程如图 10.7 所示。

图 10.6　Elco EIoT Box MB 系列采集硬件

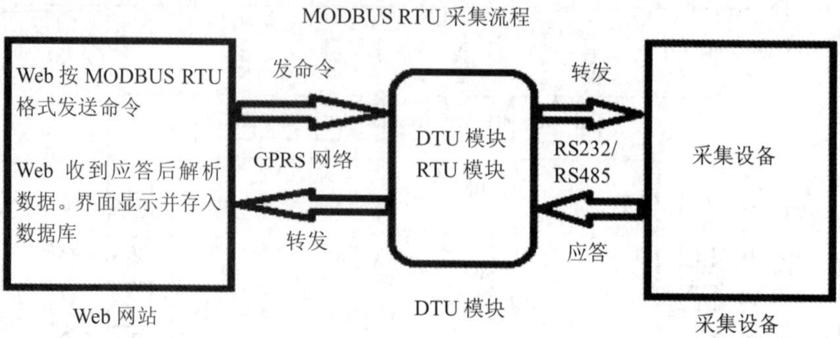

MODBUS RTU 采集流程

Web 按 MODBUS RTU 格式发送命令

Web 收到应答后解析数据。界面显示并存入数据库

发命令

GPRS 网络

转发

Web 网站

DTU 模块 RTU 模块

DTU 模块

转发

应答

RS232/ RS485

采集设备

采集设备

图 10.7　MODBUS RTU 采集流程图

　　针对不同的系统需求，后台提供基础连接配置及自定义设置，便于用户自行选择采集数据并定义数据内容及意义，方便后续运维管理，如图 10.8 所示。

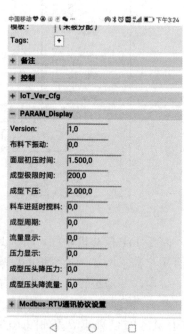

图 10.8　实物图与数据页面

硬件连接后，系统会自动检测物联网硬件的工作参数及物联网信息，如图 10.9 所示。

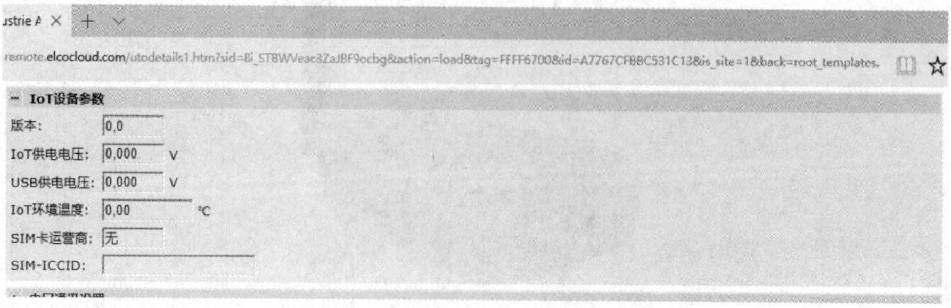

图 10.9　工作参数及物联网信息页面

用户可以结合串口通信需求进行基础参数设置，然后保存或应用，如图 10.10 所示。

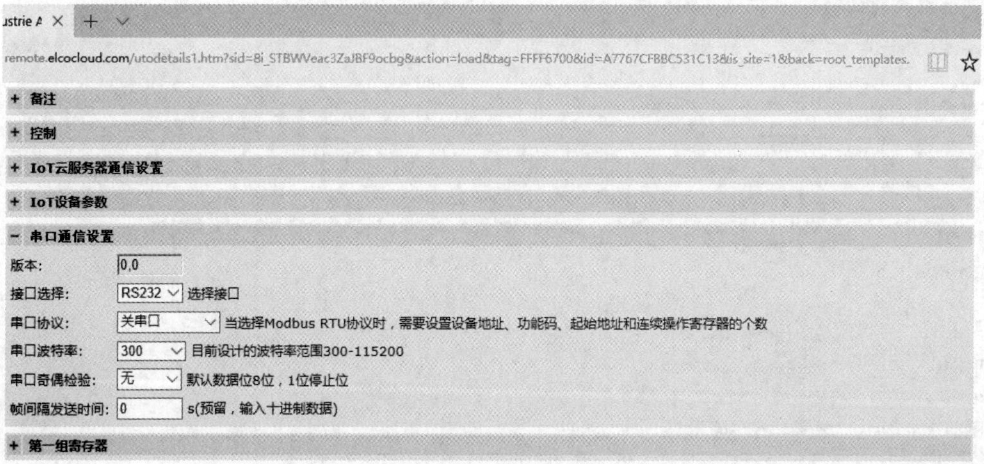

图 10.10　基础参数设置页面

系统支持七组寄存器数据读取，其中第七组设置为时间相关寄存器，用户可以通过配置选择需要读取数据的相关地址，并进行"读操作""写操作""读报警"等系统配置，如图 10.11和图 10.12 所示。

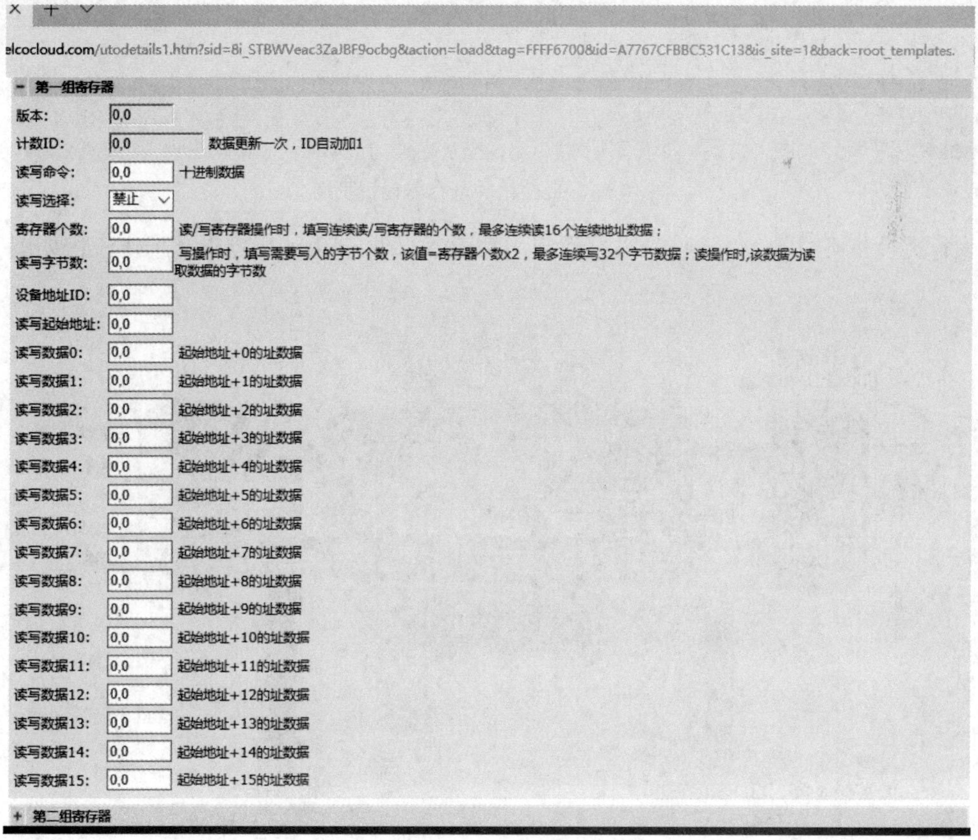

图 10.11　系统配置页面

elcocloud.com/utodetails1.htm?sid=8i_STBWVeac3ZaJBF9ocbg&action=load&tag=FFFF6700&id=A7767CFBBC531C13&is_site=1&back=root_templates.

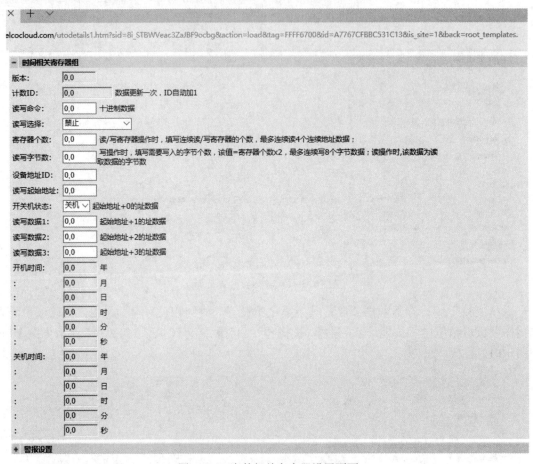

图 10.12　事件相关寄存器设置页面

该系统具备典型的 M2M 特征，广泛应用涵盖各行业，Elco IoT Box 工作流程如图 10.13 所示。

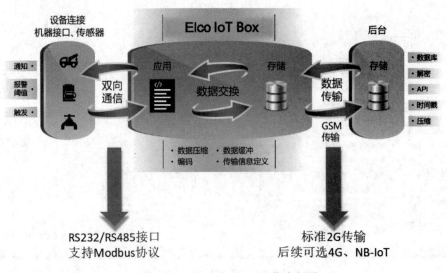

图 10.13　Elco IoT Box 工作流程图

10.3.2 物联网管理平台服务

基于 Remote 核心硬件管理服务平台（如图 10.14 所示）提供设备基础配置模板，并提供相关的 API 接口，用户可以自行开发相关物联网管理使能平台，或由客户自主选择开发相关平台软件，由用户自行部署及管理运维。该软件平台所具备的 Rest API 接口可以满足不同用户调用数据的需求，可以支持设备远程运维用户的使用管理及维护管理，如图 10.15 所示。

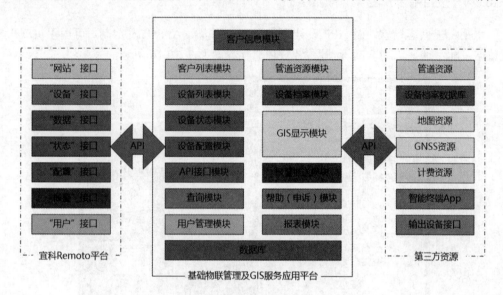

图 10.14　物联网管理服务应用平台

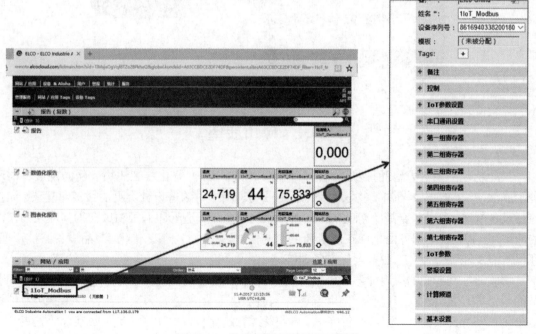

图 10.15　物联网管理服务交互界面

10.3.3 流量及资费管理定制服务

本项目的解决方案基于运营商网络，减少用户本地网络建设、维护的支出，可以做到终端设备即插即用，并可以结合用户需求匹配不同运营商物联卡（免实名制认证），针对运维需求提供流量池等综合服务支撑，用最小的使用成本实现最大效能的物联网接入管理。

10.3.4 应用平台开发

应用平台提供客户软件及 APP 设计开发服务，可提供 APP 开发定制，可用手机或平板来管理数据，非常便捷。物联网管理服务 APP 交互界面如图 10.16 所示。

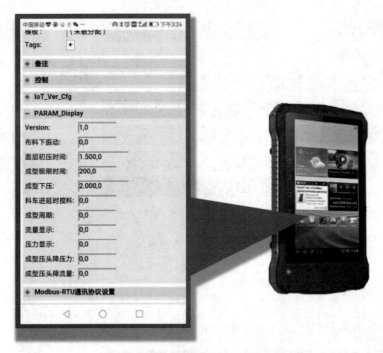

图 10.16 物联网管理服务 APP 交互界面

10.4 应用展望

工业物联网强有力地助推了工业的智能化、信息化和网络化。工业物联网的发展目前还处于非常初级的阶段，与消费物联网不同，工业物联网面对的客户种类更加繁多而复杂。如在包括设备制造、石化、金属冶炼及加工、食品饮料、服装、造纸印刷等领域会得到深入而广泛的应用，但其主要应用方面集中在制造业供应链管理、生产过程工艺优化、产品设备监控管理、环保监测及能源管理、工业安全生产管理等。

物联网在制造业的应用能够显著提升制造业的信息化和智能化，在效率提升、成本控制、节能环保等方面具有众多优势。随着《中国制造 2025》的实施，未来十年，我国制造业整体信息化水平将大幅提升，制造业数字化、网络化、智能化将取得明显进展，数字化研发设计工具和关键工序制造装备数控化将作为工业物联网的基础在规模以上企业得到广泛应用。

第 11 章　畜牧养殖业物联网应用案例

本章导读

畜牧业作为农业的重要组成部分，与种植业并列为农业生产的两大支柱。畜牧业承前启后，前连种植业，后连加工业，是大农业的主要角色。开展物联网技术在畜牧业的推广应用，可以实现科学化管理、信息化服务、全程化追溯，对提高资源利用率和劳动生产率，提高产量、质量和安全性，提高农民收入水平和广大消费者健康水平，都具有十分重要的意义。

面向畜牧养殖应用，物联网重点解决的是低功耗个体监控物联网硬件、周边环境监控物联网硬件、配套设施物联网监控管理硬件，以及配套的管理平台（中控室）、智能终端 APP（手机、平板等）。本章提供物联网软硬件整体解决方案，方案基于强大且低功耗的 IoT 核心硬件、功能完备的软件系统平台以及定制化设计开发的研发能力，为畜牧放养、畜牧圈养等众多养殖领域提供整体解决方案。

本章我们将学习以下内容：

- 基于 IoT 核心板硬件物联网相关技术方向以及应用案例
- 面向畜牧养殖应用解决方案
- 面向畜牧养殖业的物联网应用展望

11.1　项目简介

11.1.1　物联网硬件开发及集成设计

对于牲畜个体监控和周边环境监控，以及配套设施的管理配置理念不同，但出于成本控制考虑，核心为标准物联网 CB100 系列技术平台，如图 11.1 所示。

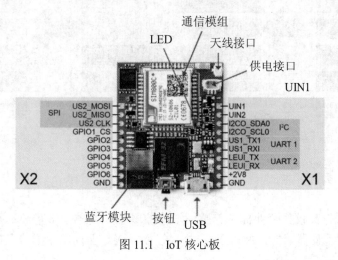

图 11.1　IoT 核心板

具体根据畜牧养殖的相关要求进行接口开发设计，方便用户快速搭建物联网应用环境。对于单一个体监控，需要系统配置低功耗元器件产品，并充分考虑牲畜的承载能力、出栏时间、户外环境等因素，提供基于工业物联卡及可充电聚合物锂电池在内的智能硬件解决方案，并配置 IP67 防护等级的外壳保护，具备一次投入长期循环应用的特点。

对于周边环境监控，充分考虑系统监控覆盖面积及布局合理性，确保监控信息的有效性和覆盖性，包括适配各类传感器（温湿度、有害气体、水量、RFID 等），如图 11.2 所示，并针对相关养殖管理逻辑进行工作模板配置，满足常规检测、自动运行及预警的智能化管理支撑。

计时管理　设备监控　运动管理　仪表监控　温湿度检测　PM值检测　远程抄表　光照检测　气象检测　危险源监控　运输监控

图 11.2　各类传感器

11.1.2　物联网管理平台服务

基于物联网的管理方式应该最大限度地提升畜牧养殖管理的高效性和科学性，数据终端采集的相关数据需要结合管理应用需求进行合理的展示及应用，以便对相关牲畜的生长过程进行有效监管，实现 24 小时智能管理，减少人工干预，提升管理效能。

为此，基于 Remote 核心硬件管理服务平台（如图 11.3 所示）提供的 API 接口，用户可以自行开发相关物联网管理使能平台，或由用户自主选择开发相关平台软件，由用户自行部署及管理运维。

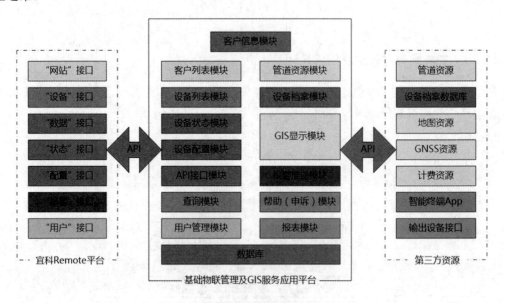

图 11.3　系统架构

管理平台可以为畜牧养殖业提供养殖环境监控展示、基础设备管理及配置、电子围栏管理、报警信息推送等具体功能，并可以通过开放 API 接口面向第三方管理或客户提供信息开放服务。同时，可以结合用户的个性化管理需求，提供定制化软件开发服务，定制属于养殖企业自身需求的管理平台。

（1）流量及资费管理定制服务：本项目的解决方案基于运营商网络，减少用户本地网络建设、维护的支出，可以做到终端设备即插即用，并可以结合用户需求匹配不同运营商物联卡（免实名制认证），并针对运维需求提供流量池等综合服务支撑，用最小的使用成本实现最大效能的物联网接入管理。

（2）提供客户软件及 APP 设计开发服务（如图 11.4 所示），包括可提供 APP 开发定制，可用手机或平板来管理数据，非常便捷。

图 11.4　手机终端 APP 界面

11.2　项目设计

11.2.1　牛羊等经济型散养畜牧业放牧管理应用

基于 IoT 核心板硬件，通过集成具备 GNSS 功能及蓝牙功能的通信模组，并配置一定容量的可充电电池，以及内置 PCB 天线，提供体积小巧、重量轻便的智能终端，通过设备工作实现定位信息管理。此外，可以通过配置无源 RFID 标签及定点 RFID 读取设备实现对牲畜档案进行管理，如图 11.5 所示。

GNSS 定位功能的实现通过多功能模组直接提供，减少第三方 GNSS 模块的集成，同时可以有效控制成本及功耗。设计方案选择 SIM868 模组（如图 11.6 所示），该模组同时支持 GPS 定位系统和北斗定位系统，方便用户自行选择（配套地图需支持相关定位系统的 API 功能）。

图 11.5　牧场应用

图 11.6　SIM868 支持 GPS 和北斗定位系统

　　RFID 功能可以有效地管理牲畜个体信息，标签选择具有一定防护能力的 RF30-TG-S310 产品，IP68 防护等级，可以满足户外及圈养的各类恶劣环境使用，最大读写距离为 6m（非金属背景），无源设计，单重 17.2g，如图 11.7 所示。

读写标签		内存配置	96-EPC bits, 可扩展到 480-bit, 512-bit 用户内存 64-bit TID
产品系列		金属表面读取距离 (固定式读写器)	12 m
		非金属表面读取距离	6m
		标签外壳材料	ABS 塑料
产品图片	RF30-TG-S310	安装方式	ø3.5mm 铆钉固定; 高强度背胶
		操作温度	-40℃ 至 +85℃
		应用温度	-40℃ 至 +85℃
		抗压强度	200 kPa
标签频率	902-928 MHz (US)	IP 等级	IP68
		标签尺寸	100 x 26 x 8.9 mm
芯片类型	Alien Higgs-3	重 量	17.2 g

图 11.7　读写标签参数

RFID 读写器具备多点读取功能，同时具备户外安装防护能力，选择 RF30-WR-Q240 系列读写器，IP67 防护等级，最大读写距离为 6m，支持多种通信接口，方便系统接入。RFID 读写器及各项参数如图 11.8 所示。

产品特点：
- 天线内置，一体化设计
- 超高频超长距离读写头，最大识别距离可达 6 米
- 可通过网关模块进行标准工业现场总线连接
- IP67 防护等级
- RS485、TCP/IP、CANopen 输出接口可选

型号	RF30-WR-Q240	RF30-WR-Q240/EN01	RF30-WR-Q240/RS01	RF30-WR-Q240/CO01
工作电压	24V			
最大工作电流	1000mA			
RFID 标准	EPCglobal UHF Class 1 Generation 2, ISO/IEC 18000-6 C			
通信接口	RS485 (to Gateway)	TCP/IP	RS485	CANopen
工作频率	920...925MHz (典型值为 922.5MHz)			
天线增益	8 dbi			
最大发射功率	1W			
半功率波束角	30°			
读取距离	Max. 6m*			
极化方式	圆极化			
可读写字节数	<256byte (取决于标签内存)			
防护等级	IP67 防水设计			
使用温度	-25...+70℃			
湿度	90 %，不冷凝			
外形尺寸	240mm×240mm×60mm			
重量	0.8kg			
安装方式	4×M5 螺孔固定			

图 11.8　RFID 读写器及各项参数

散养型管理会涉及电子围栏的管理方案，基于物联网智能终端的定位功能（北斗定位），通过地图将坐标点显示，调用地图厂商的服务功能，并通过算法规定放牧的范围及报警范围。管理平台结合信息处理并推送报警信息，管理员可通过 APP 获取信息进行管理。

此外，基于上述技术手段，结合牲畜饲养需求，依托定位及近距离通信技术，可以实现对牲畜饮水点的智能化管理，包括配置物联网硬件并结合信息调用供水系统、辅助加热系统（冬季）等进行养殖饮水管理。

11.2.2　猪舍、水产等圈养型畜牧业环境智能监控

圈养型属于固定式环境监控管理需求，可以通过固定式安装相关传感器及物联网智能终端实现对养殖环境的监控及相关控制工作，相关数据通过平台或手机 APP 进行汇总展示，并提供远程控制能力，具体的养殖场环境数据包括空气质量、温湿度、有害气体、光照等。

核心控制硬件基于 DB100 系列产品进行相关传感器接入及输出控制，该产品具备多种信号接入及输出控制功能，Elco DB100 开发测试套装如图 11.9 所示，相关功能架构如图 11.10 所示。

图 11.9　Elco DB100 开发测试套装

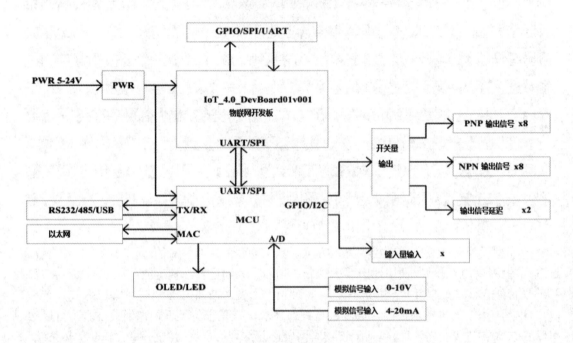

图 11.10　相关功能架构

具体参数见表 11.1。

表 11.1　开发板参数

参数	说明
供电要求	24VDC，Max 2A（标准电源或开关电源）
天线连接	外置天线接入（参考配套天线套件）
工作温湿度	-5℃～+40℃，15%～90%RH 无结露环境（注意防止静电击穿）
存储环境温度	-20℃～+70℃

续表

参数	说明
外形尺寸	（长宽高）：148mm×90mm×23mm （不包含天线及连接电缆等扩展组件）
传感器接口	2×PNP 输出：24VDC/200mA，传感器类型：2 线、3 线 2×PNP 输入：24VDC/100mA，传感器类型：2 线、3 线 2×NPN 输入：24VDC/100mA，传感器类型：2 线、3 线
模拟量输入	2×非差分信号输入 0~20mA/4~20mA 0~5V/0~10V 分辨率：12bit
各类串口	1×RS232/RS485/USB 转 UART/UART TTL： 波特率：300~115200 数据位：7、8 奇偶校验位：N、E、O 停止位：1、2 1×标准 CAN： 传输速率：1Mb/s 可选：120Ω阻抗匹配 1×SPI： 电压：3.3V 工作模式：主模式 时钟频率：102kHz~13MHz 接口：4 线（MISO/MOSI/CLK/nCS） 1×I2C： 电压：2.8V 工作模式：主模式 时钟频率：100kHz~400kHz
网络接口	1×RJ45： 10M/100M TCP/IP：TCP/UDP/ICMP/IPv4/ARP/PPPOE DHCP
继电器输出	3×常开继电器输出： AC 模式：125VAC/0.5A DC 模式：60VDC/1A
显示屏	1×OLED 屏幕： 分辨率：128×32 全字符显示
Wi-Fi 接口	1×Wi-Fi 接口（可选择标准品） 供电：3.3V/300mA 支持 AT 命令模式 支持 AP 和 STA 模式 支持远程重启模式

参数	说明
其他	6×按钮 支持虚拟输入及设置 6×LED 显示调试信息,通过拨码开关进行配置 1×蜂鸣器 1×核心板供电接口,3.9V/Max500mA 3×拨码开关

11.3 项目开发

11.3.1 空气质量传感器

空气质量检测包括对养殖环境中由于牲畜饲料、粪便等多方面因素产生的各类影响空气质量的气体的检测,并结合设定值进行相应的换气等操作,确保环境空气质量符合养殖生长需求。传感器支持不同的核心传感器芯片替换,支持 Modbus 通信功能。空气质量传感器所能检测的有害气体如图 11.11 所示,空气质量传感器的具体参数如图 11.12 所示。

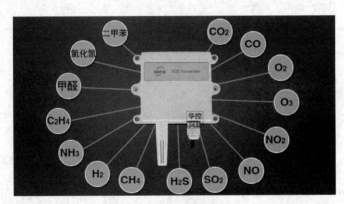

图 11.11 空气质量传感器

【传感器类型】红外式传感器　　　　　【最大电流】80mA(DC 24V)

【量程】0-2000PPM,0-5000PPM,可订制 ,0-10000PPM,0-50000PPM,0-70000PPM,量大
　　　最程0-150000PPM　　　　　　　【精准度】± (40ppm +3%F·S) (25℃)

【稳定性】≤2%F·S　　　　　　　　　【非线性】≤1%F·S

【温度漂移】±0.2%F·S/℃　　　　　　【压力影响】每mmHg 影响读数的0.13%

【响应时间】≤2min 达到变化的90%　　【信号刷新时间】4s

【系统预热时间】≤2min(可以操作)　≤10min(最大精度)

【工作环境】0℃~70℃,0%RH~95%RH (无凝结)

【输出信号】电流输出型:4~20mA　　　电压输出型:0~10V
　　　　　　电压输出型:0~5V　　　　网络型RS485(MODBUS协议)

【负载能力】电压输出型:输出阻抗250Ω　电流输出型:≤500Ω

【安装方式】壁挂安装　　　　　　　　【外壳】ABS白色113mm x 72mm x 38mm

图 11.12 空气质量传感器的具体参数

11.3.2 温湿度传感器

温湿度传感器选择一体式产品，RS485 输出接口，支持 Modbus 通信协议。温湿度传感器外观如图 11.13 所示，温湿度采集变送器参数如图 11.14 所示。

图 11.13 温湿度传感器

直流供电（默认）		DC 10-30V
最大功耗	RS485 输出	0.4W
精度	湿度	±3%RH(5%RH~95%RH,25℃)
	温度	±0.5℃（25℃）
变送器电路工作温度		−20℃~+60℃，0%RH~80%RH
探头工作温度		−40℃~+120℃，默认−40℃~+80℃
探头工作湿度		0%RH~100%RH
长期稳定性	湿度	≤1%RH/y
	温度	≤0.1℃/y
响应时间	湿度	≤6s(1m/s 风速)
	温度	≤18s(1m/s 风速)
输出信号	RS485 输出	RS485(Modbus 协议)
设备地址		1~255 可设，默认为 1
设备波特率		2400、4800、9600 可选，默认 4800
字节格式		8 位数据位，1 位停止位，无校验
注：带显示产品最大电流增加 5mA		

图 11.14 温湿度采集变送器参数

11.3.3 系统功能

通过数据采集并接入管理平台，养殖者可以对养殖环境报警进行处理，可以远程控制环境设备，用于管理维护及对应操作。软件平台的标准配置模板如图 11.15 所示，各类传感器输入接口激活选项如图 11.16 所示。

图 11.15 标准配置模板图

"上限""下限"说明：以养殖圈温度监测为例，当温度达到上限值时，系统可以采取排风等降温方式，当温度到达下限值时，系统可以采取加热等补偿温度方式。

"设置继电器"功能分别为"手动"方式和"传感器驱动"方式，继电器顺序为正视图方向从左至右分别对应"继电器 1""继电器 2""继电器 3"，继电器输出可以用于辅助控制功能，包括通风换气、加温或喷淋等。模拟量设置界面如图 11.17 所示。

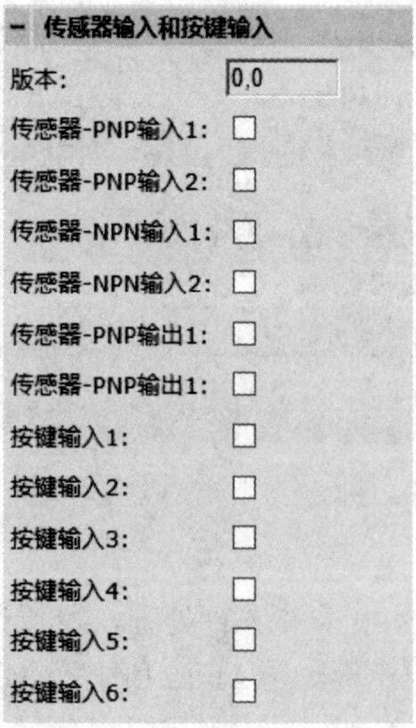

图 11.16 输入接口选项

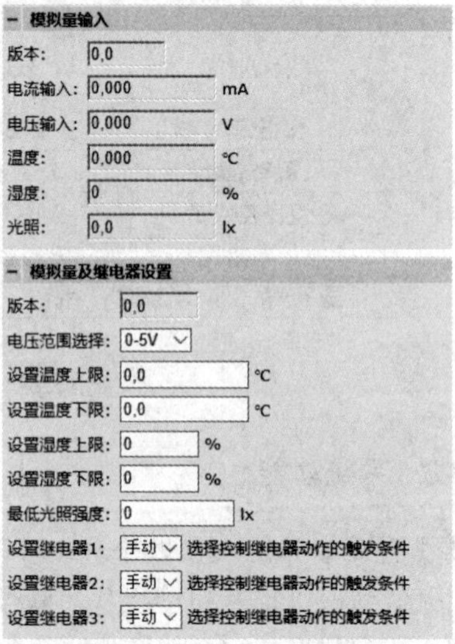

图 11.17 模拟量设置界面

各类支持 Modbus 协议的传感器接口配置如图 11.18 所示。

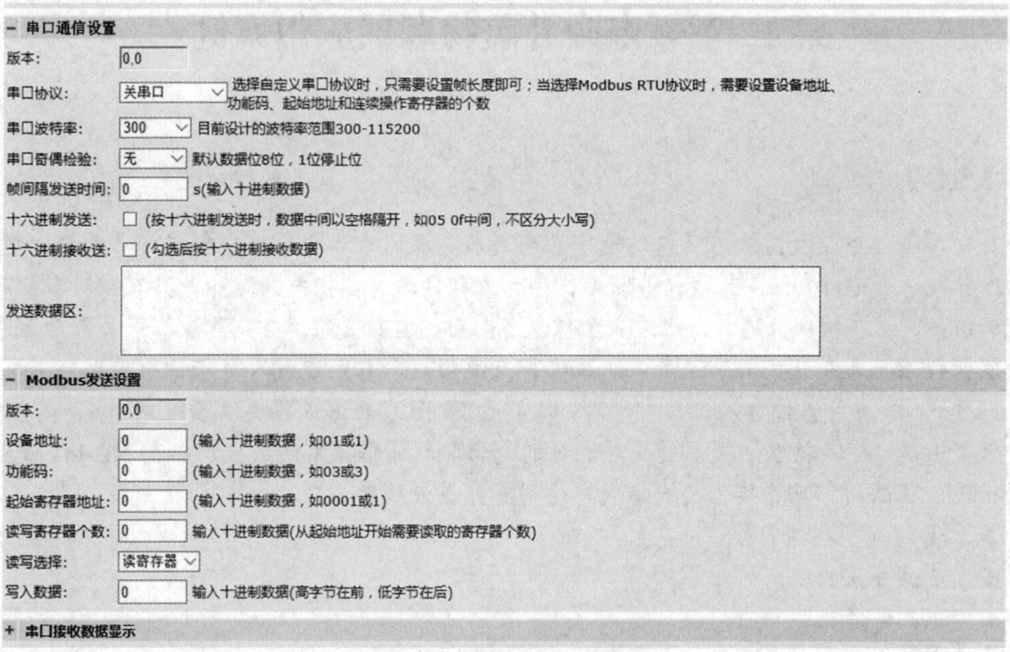

图 11.18　传感器接口配置

同时，相关数据被存储，有助于用户根据需求生成相应图表，及时掌握环境数据，并具备未来养殖大数据分析的能力。

11.4　应用展望

针对畜牧养殖业的物联网应用还有很多应用正在探索中，随着物联网技术的不断推进，以及各类最新的传感器技术的提升，物联网在畜牧养殖领域的应用范围将更加广泛，我们也将不断完善并提升自有技术水平，更好地为畜牧养殖业提供高性价比的解决方案。

第 12 章　市政井盖物联网应用案例

本章导读

目前，各类市政和商业范畴内的地下管网覆盖遍及城市各个区域，包括污水雨水、水务、电力、燃气、消防、通信、有线、供暖等多个行业及领域。各相关井盖资源具有相对独立的管辖权和维护义务，物权分离，由此造成了信息不对称、监管复杂。当井盖破损或丢失后无法第一时间获得维护或补充，轻则造成系统故障或交通瘫痪，重则造成人员伤亡或重大安全事故。传统的方式，各类井盖依靠人工统计管理，效率低下，且容易造成各类风险隐患，各类井盖"杀手"频繁出现。随着物联网技术的成熟，特别是物联网通信技术的成熟，以及 NB-IoT 等新技术的出现，物联网"泛连接"的概念同样适用于井盖领域的应用。

本章我们将学习以下内容：
- 市政井盖物联网简介
- 市政井盖物联网应用设计
- 市政井盖物联网项目开发过程

12.1　项目简介

12.1.1　背景介绍

随着城市化进程的加快，市政公用设施建设发展迅速。电力、通信等部门的线缆大都采取地埋方式，通过井盖进行日常维护，由于缺乏有效的实时监控和管理手段，给不法分子提供了可乘之机，撬开井盖盗窃电缆、偷盗井盖的犯罪行为时有发生，不仅影响了相关设备的正常工作，造成巨大的直接或间接经济损失，而且丢失井盖的井口也会对道路上的车辆、行人造成极大的危害，对社会安定、安全造成负面影响，如图 12.1 所示。城区面积不断扩大，井盖分布范围广、数量大，导致监管难度大，井盖线缆防盗已经成为困扰市政建设的巨大难题。

图 12.1　城市井盖缺失图

一直以来，全国各地频频出现下水道井盖破损、被盗或者被雨水冲走，进而导致伤人或死亡事件发生。一次次类似的悲剧提醒我们：城市发展不能只重面子、不顾管理，看不见的基础建设工程有时比看得见的政绩项目更关乎民生利益。下水道是"城市的良心"，良心出了问题，难免酿成大祸。为整治窨井吞人伤人事故，住建部于 2013 年 4 月发布了《关于进一步加强城市窨井盖安全管理》的通知，要求包括城市供水、排水、燃气、热力、房产（物业）、电力、电信、广播电视等部门，实行井盖的数字化管理，实现社会资源的有效监管，确保人民群众的人身安全。市政井盖的数字化管理需求是非常明确的，但目前大量的市政井盖还基本靠人员手工巡查管理，再加上井盖数量大，分布地域广，单纯依靠人工巡检排查，根本无法实时获得这些井盖的状态信息，更无法在出现异常情况时迅速响应。因此，如何能够精细到对市政井盖的个体进行实时监控、及时地对井盖部件的异常情况做出快速处理、最大程度地保障行人人身安全与国家资产安全，是政府相关主管部门亟待思考解决的问题。

12.1.2　系统简介

基于 IoT 核心板硬件，通过集成具备 GNSS 功能及蓝牙功能的通信模组，配置一定容量的可充电电池，以及内置 PCB 天线，确保能够在井下环境长期稳定工作，并具备信号连接功能。通过 Remote 网站可以看到设备的电量、信号、状态等基本信息。

硬件部分选择三轴加速度传感器作为感应井盖状态的传感器，通过 X、Y 轴检测井盖的开启状态，初始变化角度为 15°，即当 X 轴或 Y 轴任意角度变化超过 15° 时则判定井盖发生异常开启。Z 轴为现场设定，当井盖安装后校准 Z 轴值，并设定报警值，确保井盖不被水平提升并进行水平移动，从而规避井盖误动作报警或特殊情况丢失不报警的问题。

系统重点使用的三轴加速度传感器提供原生 I²C 总线接口，该接口可以直接同 CB100 核心板的原生 I²C 总线接口进行连接，从而将信息反馈给物联网采集硬件，如图 12.2 所示。基于 CB100 系列核心板进行二次开发并将相关逻辑编写为控制脚本，上传到 Remote 物联网硬件管理平台，实现井盖监控智能终端的控制。

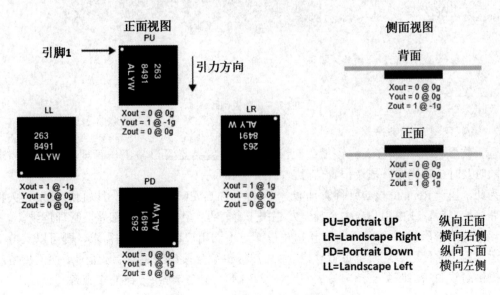

图 12.2　三轴加速度传感器接口

12.2　项目设计

12.2.1　运行流程

1. 物联网硬件开发及集成设计

（1）倾角传感器：通过井盖开启角度监控相关状态（正常开启——维护，异常开启——丢失或破损）。

（2）液位传感器：监控井内液位，解决汛期城市排水等问题。

（3）RFID：便于固定资产管理及操作权限监管（配合倾角传感器）。

（4）定位传感器：增加 GPS 或北斗定位功能，便于系统监管及信息绑定。

（5）气体检测传感器：对特殊管井出口的特殊气体浓度进行监管并报警。

（6）预留扩展 I/O 接口，特殊功能增加。

引脚如图 12.3 所示。

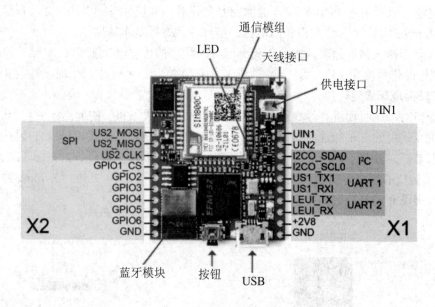

图 12.3　开发板引脚图

2. 物联网管理服务平台

基于物联网的管理方式应该最大限度地提升井盖类监管日常工作管理的高效性和准确性，同时及时处理问题井盖及报警信息，如图 12.4 所示。

为此，基于 Remote 核心硬件管理服务平台提供的 API 接口，用户可以自行开发相关物联网管理使能平台，或由用户自主选择开发相关平台软件，由用户自行部署及管理运维。

该软件平台所具备的 Rest API 接口可以满足不同用户调用数据的需求，既可以支持工程机械运维用户的使用管理及维护管理，同样可以提供部分接口给装备制造企业，便于装备制造企业提供高效的售后服务支持，最大限度地发挥物联网监控解决方案的实施意义。

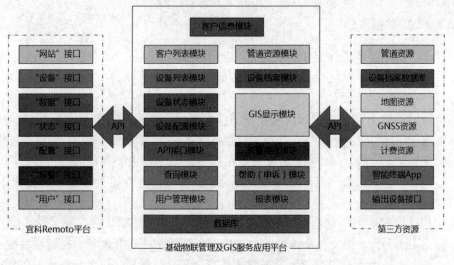

图 12.4　应用服务平台

3. 流量及资费管理定制服务

本项目的解决方案基于运营商网络，减少用户本地网络建设、维护的支出，可以做到终端设备即插即用，可以结合用户需求匹配不同运营商物联卡（免实名制认证），针对运维需求提供流量池等综合服务支撑，用最小的使用成本实现最大效能的物联网接入管理。

此外，该系统设计之初就考虑到未来物联网技术的升级，即支持 NB-IoT 技术。通过后续更换通信模组及配套的物联卡，可以将系统平滑升级到最新的窄带物联网，进一步扩展局部范围内的接入点及信号稳定性，特别是针对部分深井及管道监控需求。

4. 客户软件及 APP 设计开发服务

提供 APP 开发定制，可用手机或平板来管理数据，非常便捷，如图 12.5 所示。如果需要支持 RFID 点检功能，APP 可以支持相关的数据模块，设备需要配置 RFID 读取功能，同时为了增加系统的定位准确性，终端需要支持高精度定位功能，以便于 APP 读取定位信息进行系统比对。

图 12.5　APP 范例图

12.2.2 系统功能流程

本项目提供物联网软硬件整体解决方案，方案基于强大且低功耗的 IoT 核心硬件、功能完备的软件系统平台以及定制化设计开发的研发能力。基于上述能力，具体业务服务功能包括：

（1）设备报警。

设备报警的功能主要是为供应商和系统集成商提供完整有效的警报收集传输解决方案。系统通过本地程序进行任务设定，并与周边机器或设备的控制器进行通信，从相关传感器收集数据，再通过无线传输到云服务器。云服务器可以便捷地创建更加复杂的报警计划，并设定报警进程，可实现将报警信息通过电子邮件、短信或语音电话等方式及时通知相关用户。

（2）气体测量。

在工业和民用生活中，对危险气体和有毒、有害气体的监控非常重要。以该项目市政井盖物联网应用案例为例，需要对特殊管井出口特殊气体的浓度进行测量。在这种情况下，可以提供一个能够在该环境下测量空气浓度的技术方案，配合传感器，利用无线数据传输方式，将数据传送到云服务器。数据经处理后可以定时提供可视化报告，并提供各种接口，允许后续增加不同的集成应用。

（3）设备监控。

随着自动化高度集成技术的普及，设备状态监控越来越重要。以自动售货机或游乐场设备为例，其所属应用环境具有流动性高和需求负载量大的特点。一旦设备缺货或因故障导致停机，将造成较大的经济损失。因此，提供 IoT 定制化开发解决方案，利用全球覆盖的移动通信技术，能帮助客户将数据从设备间及时传输到相关的服务器或责任人，以便及时处理问题或提前进行预警。

（4）远程计量。

利用无线数据采集技术为系统集成商和运营商提供有效的仪表读数监控解决方案。通过对水、天然气等现场仪表设备进行定期检测、读数，结合 IoT 技术和移动通信技术将数据自动传送到中央服务器进行数据存储、分析和显示。可以提供数据接口，允许相关数据与当前的业务流程进行对接。

12.3 项目开发

12.3.1 材料准备

1. 倾角传感器

（1）简介。

角度计量是几何量计量的重要组成部分。角度计量的范围广，平面角按平面所在的空间位置可分为：在水平面内的水平角（或称方位角）、在垂直面内的垂直角（或倾斜角）、空间角（是水平角和垂直角的合成）。按量程可分为圆周分角度和小角度。按标称值可分为定角和任意角。按组成单元可分为线角度和面角度。按形成方式可分为固定角和动态角，固定角是指加工或装配成的零组件角度、仪器转动后恢复至静态时的角位置等；动态角是指物体或系统在运动过程中的角度，如卫星轨道对地球赤道面的夹角、精密设备主轴转动时的轴线角漂移、测角设备在一定角速度和角加速度运动时输出的实时角度信号等。

倾角传感器又称为倾斜仪、测斜仪、水平仪、倾角计，经常用于系统的水平角度变化测量，水平仪从过去简单的水泡水平仪到现在的电子水平仪是自动化和电子测量技术发展的结果。作为一种检测工具，它已成为桥梁架设、铁路铺设、土木工程、石油钻井、航空航海、工业自动化、智能平台、机械加工等领域不可缺少的重要测量工具。电子水平仪是一种非常精确的测量小角度的检测工具，用它可测量被测平面相对于水平位置的倾斜度、两部件相互平行度和垂直度。倾角传感器如图 12.6 所示。

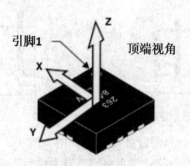

图 12.6　倾角传感器

（2）工作原理。

从工作原理上可分为"固体摆"式、"液体摆"式、"气体摆"式三种倾角传感器，还有利用加速度传感器测量倾角。倾角传感器分为单轴、双轴，单轴只能测一个方向上的倾角，双轴能同时测两个方向上的倾角。

1）"固体摆"式惯性器件。

"固体摆"在设计中广泛采用力平衡式伺服系统，如图 12.7 所示，其由摆锤、摆线、支架组成，摆锤受重力 G 和摆拉力 T 的作用，其合外力 F 为：

$$F = G\sin\theta = mg\sin\theta$$

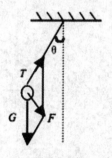

图 12.7　固体摆原理示意图

其中，θ 为摆线与垂直方向的夹角。在小角度范围内测量时，可以认为 F 与 θ 成线性关系。如应变式倾角传感器就基于此原理。

2）"液体摆"式惯性器件。

液体摆的结构原理是在玻璃壳体内装有导电液，并有三根铂电极和外部相连接，三根电极相互平行且间距相等，如图 12.8 所示。当壳体水平时，电极插入导电液的深度相同。如果在两根电极之间加上幅值相等的交流电压时，电极之间会形成离子电流，两根电极之间的液体相当于两个电阻 RI 和 RIII。若"液体摆"水平时，则 RI=RIII。当玻璃壳体倾斜时，电极间的导电液不相等，三根电极浸入液体的深度也发生变化，但中间电极浸入深度基本保持不变。如图 12.9 所示，左边电极浸入深度小，则导电液减少，导电的离子数减少，电阻 RI 增大，相对极则导电液增加，导电的离子数增加，而使电阻 RIII 减少，即 RI>RIII。反之，若倾斜方向相反，则 RI<RIII。

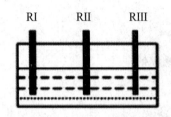 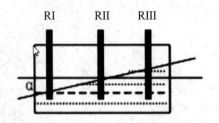

图 12.8 "液体摆"原理示意图   图 12.9 倾角为 a 时"液体摆"原理简图

在"液体摆"的应用中也有根据液体位置变化引起应变片的变化，从而引起输出电信号变化而感知倾角的变化。在实用中除此类型外，还有在电解质溶液中留下一气泡，当装置倾斜时气泡会运动使电容发生变化而感应出倾角的"液体摆"。

3）"气体摆"式惯性器件。

气体在受热时受到浮升力的作用，如同"固体摆"和"液体摆"也具有的敏感质量一样，热气流总是力图保持在铅垂方向上，因此也具有摆的特性，如图 12.10 所示。"气体摆"式惯性元件由密闭腔体、气体和热线组成。当腔体所在平面相对水平面倾斜或腔体受到加速度的作用时，热线的阻值发生变化，并且热线阻值的变化是角度（表示为 q）或加速度的函数，因而也具有摆的效应。其中热线阻值的变化是气体与热线之间的能量交换引起的。

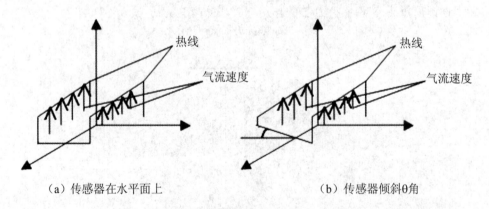

（a）传感器在水平面上   （b）传感器倾斜θ角

图 12.10 气体摆的原理示意图

"气体摆"式惯性器件的敏感机理基于密闭腔体中的能量传递，在密闭腔体中有气体和热线，热线是唯一的热源。当装置通电时，对气体加热。在热线能量交换中对流是主要形式。

（3）连接。

传感器的连接和驱动如图 12.11 和图 12.12 所示。

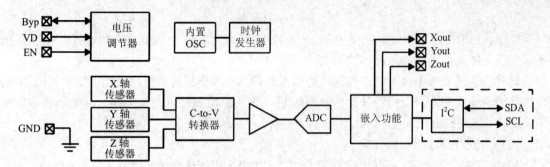

图 12.11　传感器连接图

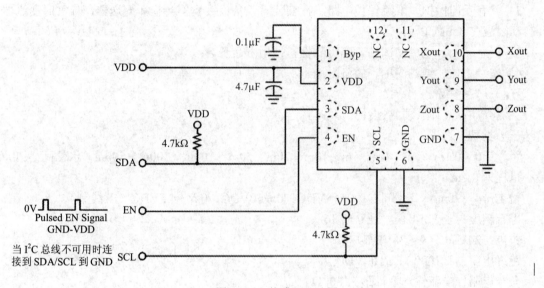

图 12.12　传感器驱动图

2. 液位传感器

（1）简介。

液位传感器（静压液位计/液位变送器/水位传感器）是一种测量液位的压力传感器。静压投入式液位变送器（液位计）是基于所测液体静压与该液体的高度成比例的原理，采用国外先进的隔离型扩散硅敏感元件或陶瓷电容压力敏感传感器将静压转换为电信号，再经过温度补偿和线性修正转化成标准电信号（一般为 4～20mA/1～5VDC）。

静压投入式液位变送器（液位计）适用于石油化工、冶金、电力、制药、给排水、环保等系统和行业的各种介质的液位测量。精巧的结构、简单的调校和灵活的安装方式为用户能够轻松使用提供了方便。4～20mA、0～5V、0～10mA 等标准信号输出方式由用户根据需要任选。

它利用了流体静力学原理测量液位，是压力传感器的一项重要应用。采用特种的中间带有通气导管的电缆及专门的密封技术，既保证了传感器的水密性，又使得参考压力腔与环境压力相通，从而保证了测量的高精度和高稳定性。

（2）工作原理。

用静压测量原理，当液位变送器投入到被测液体中的某一深度时，传感器迎液面受到的压强公式为：

$$P = \rho.g.H + Po$$

式中，P 为变送器迎液面所受压强，ρ 为被测液体密度，g 为当地重力加速度，Po 为液面上大气压，H 为变送器投入液体的深度。

同时，通过导气不锈钢将液体的压力引入到传感器的正压腔，再将液面上的大气压 Po 与传感器的负压腔相连，以抵消传感器背面的 Po，使传感器测得压力为 $\rho.g.H$。显然，通过测取压强 P，可以得到液位深度。

（3）功能特点。

1）稳定性好，满度、零位长期稳定性可达 0.1%FS/年。在补偿温度 0～70℃ 范围内，温度漂移低于 0.1%FS，在整个允许工作温度范围内低于 0.3%FS。

2）具有反向保护、限流保护电路，在安装时正负极接反不会损坏变送器，异常时变送器会自动限流在 35mA 以内。

3）固态结构，无可动部件，高可靠性，使用寿命长。

4）安装方便、结构简单、经济耐用。

（4）产品参数。

被测介质：液体（弱腐蚀性）

压力类型：表压

量程：0～0.1m～1m～3m～5m～10m～20m～50m～100m～200m～500m（水位高/深度，最小量程为 0.1m）

输出：4～20mA（二线制）、0～5VDC、0～10VDC、0.5～4.5VDC（三线制）

综合精度：±0.25%FS、±0.5%FS

供电：24VDC（9～36VDC）

绝缘电阻：≥1000 MΩ/100VDC

负载电阻：电流输出型，最大 800Ω

电压输出型：大于 50kΩ

介质温度：-20℃～85℃

环境温度：-20℃～85℃

存储温度：-40℃～90℃

相对湿度：0～95% RH

密封等级：IP68

过载能力：150%FS

响应时间：≤5ms

稳定性：≤±0.15%FS/年

振动影响：≤±0.15%FS/年（机械振动频率 20Hz～1000Hz）

电气连接：3/5 芯导气屏蔽电缆全密封，标准配线 8m

压力连接：投入式

连接螺纹材料：304/316L 不锈钢

3. RFID 技术

射频识别（RFID）是一种无线通信技术，可以通过无线电信号识别特定目标并读写相关数据，而无需识别系统与特定目标之间建立机械接触或光学接触。

无线电的信号是通过调成无线电频率的电磁场，把数据从附着在物品上的标签上传送出去，以自动辨识与追踪该物品。某些标签在识别时从识别器发出的电磁场中就可以得到能量，并不需要电池；也有标签本身拥有电源，并可以主动发出无线电波（调成无线电频率的电磁场）。标签包含了电子存储的信息，数米之内都可以识别。与条形码不同的是，射频标签不需要处在识别器视线之内，也可以嵌入被追踪物体之内。

许多行业都运用了射频识别技术。将标签附着在一辆正在生产中的汽车上，厂方便可以追踪此车在生产线上的进度。仓库可以通过射频标签追踪药品的所在。射频标签也可以附于牲畜与宠物身上，方便对牲畜与宠物的积极识别（积极识别意思是防止数只牲畜使用同一个身份）。射频识别的身份识别卡可以使员工得以进入锁住的建筑部分，汽车上的射频应答器也可以用来征收收费路段与停车场的费用。

某些射频标签可以附在衣物、个人财物上，甚至植入人体之内。由于这项技术可能会在未经本人许可的情况下读取个人信息，这项技术也会有侵犯个人隐私的忧患。

（1）组成部分。

1）应答器：由天线、耦合元件、芯片组成，一般来说都是用标签作为应答器，每个标签具有唯一的电子编码，附着在物体上标识目标对象。

2）阅读器：由天线、耦合元件、芯片组成，读取（有时还可以写入）标签信息的设备，可设计为手持式 RFID 读写器或固定式读写器。

3）应用软件系统：是应用层软件，主要是对收集的数据进行进一步处理，并为人们所使用。

（2）工作原理。

RFID 技术的基本工作原理并不复杂：标签进入磁场后，接收解读器发出的射频信号，凭借感应电流所获得的能量发送出存储在芯片中的产品信息（无源标签或被动标签），或者由标签主动发送某一频率的信号（Active Tag，有源标签或主动标签），解读器读取信息并解码后送至中央信息系统进行有关数据处理。

一套完整的 RFID 系统是由阅读器与电子标签（也就是所谓的应答器）及应用软件系统三个部份组成的，其工作原理是阅读器发射一特定频率的无线电波能量，用以驱动电路将内部的数据送出，此时阅读器便依序接收解读数据，送给应用程序进行相应的处理。

以 RFID 卡片阅读器、电子标签之间的通信、能量感应方式来看大致上可以分成感应耦合与后向散射耦合两种。一般低频的 RFID 大都采用第一种方式，而较高频的大多采用第二种方式。

阅读器根据使用的结构和技术不同可以是读或读/写装置，是 RFID 系统的信息控制和处理中心。阅读器通常由耦合模块、收发模块、控制模块和接口单元组成。阅读器和应答器之间一般采用半双工通信方式进行信息交换，同时阅读器通过耦合给无源应答器提供能量和时序。在实际应用中，可进一步通过 Ethernet 或 WLAN 等实现对物体识别信息的采集、处理及远程传送等管理功能。应答器是 RFID 系统的信息载体，应答器大多是由耦合元件（线圈、微带天线等）和微芯片组成的无源单元。

（3）产品分类。

RFID 技术中所衍生的产品大概有三大类：无源 RFID 产品、有源 RFID 产品、半有源 RFID 产品。

无源 RFID 产品发展最早，也是发展最成熟、市场应用最广的产品。比如公交卡、食堂餐卡、银行卡、宾馆门禁卡、二代身份证等，这个在我们的日常生活中随处可见，属于近距离接触式识别类。产品的主要工作频率有低频 125kHz、高频 13.56MHz、超高频 433MHz 和 915MHz。

有源 RFID 产品，是最近几年慢慢发展起来的，其远距离自动识别的特性决定了其巨大的应用空间和市场潜质。在远距离自动识别领域，如智能监狱、智能医院、智能停车场、智能交通、智慧城市、智慧地球及物联网等领域有重大应用。有源 RFID 在这些领域异军突起，属于远距离自动识别类。产品的主要工作频率有超高频 433MHz，微波 2.45GHz 和 5.8GHz。

有源 RFID 产品和无源 RFID 产品的不同特性决定了不同的应用领域和不同的应用模式，也有各自的优势所在。但在本系统中，我们着重介绍于有源 RFID 和无源 RFID 之间的半有源 RFID 产品，该产品集有源 RFID 和无源 RFID 的优势于一体，在门禁进出管理、人员精确定位、区域定位管理、周界管理、电子围栏及安防报警等领域有着很大的优势。

半有源 RFID 产品，结合有源 RFID 产品和无源 RFID 产品的优势，在低频 125kHz 频率的触发下，让微波 2.45GHz 发挥优势。半有源 RFID 技术，也可以称为低频激活触发技术，利用低频近距离精确定位、微波远距离识别和上传数据来解决单纯的有源 RFID 和无源 RFID 没有办法实现的功能。简单来说，就是近距离激活定位，远距离识别及上传数据。

（4）接口协议。

空中接口通信协议规范读写器与电子标签之间的信息交互，目的是为不同厂家生产的设备之间的互联互通性。ISO/IEC 制定五种频段的空中接口协议，这种思想充分体现标准统一的相对性，一个标准是对相当广泛的应用系统的共同需求，但不是所有应用系统的需求，一组标准可以满足更大范围的应用需求。

ISO/IEC 18000-1 信息技术——基于单品管理的射频识别——参考结构和标准化的参数定义。它规范空中接口通信协议中共同遵守的读写器与标签的通信参数表、知识产权基本规则等内容。这样每一个频段对应的标准不需要对相同内容进行重复规定。

ISO/IEC 18000-2 信息技术——基于单品管理的射频识别——适用于中频 125～134kHz，规定在标签与读写器之间通信的物理接口，读写器应具有与 Type A(FDX) 和 Type B(HDX) 标签通信的能力；规定协议和指令再加上多标签通信的防碰撞方法。

ISO/IEC 18000-3 信息技术——基于单品管理的射频识别——适用于高频段 13.56MHz，规定 读写器与标签之间的物理接口、协议和命令再加上防碰撞方法。关于防碰撞协议可以分为两种模式：模式 1 又分为基本型与两种扩展型协议（无时隙无终止多应答器协议和时隙终止自适应轮询多应答器读取协议）；模式 2 采用时频复用 FTDMA 协议，共有 8 个信道，适用于标签数量较多的情形。

ISO/IEC 18000-4 信息技术——基于单品管理的射频识别——适用于微波段 2.45GHz，规定读写器与标签之间的物理接口、协议和命令再加上防碰撞方法。该标准包括两种模式：模式 1 是无源标签，工作方式是读写器先讲；模式 2 是有源标签，工作方式是标签先讲。

ISO/IEC 18000-6 信息技术——基于单品管理的射频识别——适用于超高频段 860～960MHz，规定读写器与标签之间的物理接口、协议和命令再加上防碰撞方法。它包含 TypeA、TypeB 和 TypeC 三种无源标签的接口协议，通信距离最远可以达到 10m。其中 TypeC 是由 EPCglobal 起草的，并于 2006 年 7 月获得批准，它在识别速度、读写速度、数据容量、防碰撞、信息安全、频段适应能力、抗干扰等方面有较大提高。2006 年递交 V4.0 草案，针对带辅助电源和传感器电子标签的特点进行扩展，包括标签数据存储方式和交互命令。带电池的主动式标签可以提供较大范围的读取能力和更强的通信可靠性，不过其尺寸较大，价格也更贵一些。

ISO/IEC 18000-7 适用于超高频段 433.92 MHz，属于有源电子标签。规定读写器与标签之间的物理接口、协议和命令再加上防碰撞方法。有源标签识读范围大，适用于大型固定资产的追踪。

4. 气体检测传感器

可燃气体检测器是一种气体泄露浓度检测的仪器仪表工具，主要是指便携式/手持式气体检测器。主要利用气体传感器来检测环境中存在的气体种类，可燃气体检测器用来检测气体的成分和含量。一般认为，气体传感器的定义是以检测目标为分类基础的，也就是说，凡是用于检测气体成分和浓度的传感器都称为气体传感器（气体检测仪），不管它是用物理方法，还是用化学方法。比如，检测气体流量的传感器不被看作气体传感器，但是热导式气体分析仪却属于重要的气体传感器，尽管它们有时使用大体一致的检测原理。

（1）分类。

1）半导体气体检测传感器。

它是利用一些金属氧化物半导体材料，在一定温度下，电导率随着环境气体成分的变化而变化的原理制造的。比如酒精传感器，就是利用二氧化锡在高温下遇到酒精气体时电阻会急剧减小的原理制造的。

半导体式气体传感器可以有效地用于甲烷、乙烷、丙烷、丁烷、酒精、甲醛、一氧化碳、二氧化碳、乙烯、乙炔、氯乙烯、苯乙烯、丙烯酸等很多气体的检测。尤其是这种传感器成本低廉，适宜于民用气体检测的需要。

下列几种半导体式气体传感器是成功的：甲烷（天然气、沼气）、酒精、一氧化碳（城市煤气）、硫化氢、氨气（包括胺类、肼类）。高质量的传感器可以满足工业检测的需要。

缺点：稳定性较差，受环境影响较大，尤其每一种传感器的选择性都不是唯一的，输出参数也不能确定。因此，不宜应用于计量准确要求的场所。

目前这种传感器的主要供应商在日本（发明者），其次是中国，最近又新加入了韩国，其他国家如美国在这方面也有相当的工作，但是始终没有汇入主流。中国在这个领域投入的人力和时间都不亚于日本，但是由于多年来国家政策导向以及社会信息闭塞等原因，我国流行于市场的半导体式气体传感器性能质量都远逊于日本产品。相信随着市场进步和民营资本的进一步兴起，中国产的半导体式气体传感器达到及至超越日本水平已经指日可待。

2）催化燃烧式气体检测器。

催化燃烧式气体传感器是在白金电阻的表面制备耐高温的催化剂层，在一定的温度下，可燃性气体在其表面催化燃烧，燃烧时白金电阻温度升高，电阻变化，变化值是可燃性气体浓度的函数。

催化燃烧式气体传感器选择性地检测可燃性气体：凡是可以燃烧的，都能够检测；凡是不能燃烧的，传感器都没有任何响应。当然，"凡是可以燃烧的，都能够检测"这一句有很多例外。但是，总的来讲，上述选择性是成立的。

催化燃烧式气体传感器计量准确，响应快速，寿命较长。传感器的输出与环境的爆炸危险直接相关，在安全检测领域是一类主导地位的传感器。

缺点：在可燃性气体范围内，无选择性；暗火工作，有引燃爆炸的危险；大部分元素有机蒸汽对传感器都有中毒作用。

3）电化学式气体检测器。

相当一部分的可燃的、有毒有害气体都有电化学活性，可以被电化学氧化或者还原。利用这些反应，可以分辨气体成分、检测气体浓度。电化学气体传感器分很多子类：

① 原电池型气体传感器（也称加伏尼电池型气体传感器，或称燃料电池型气体传感器，还可称自发电池型气体传感器），它们的原理类似我们用的干电池，只是干电池的碳锰电极被气体电极替代了。以氧气传感器为例，氧在阴极被还原，电子通过电流表流到阳极，在那里铅金属被氧化。电流的大小与氧气的浓度直接相关。这种传感器可以有效地检测氧气、二氧化硫、氯气等。

② 恒定电位电解池型气体传感器，这种传感器用于检测还原性气体非常有效，它的原理与原电池型传感器不一样，它的电化学反应是在电流强制下发生的，是一种真正的库仑分析的传感器。这种传感器已经成功地用于一氧化碳、硫化氢、氢气、氨气、肼等气体的检测之中，是目前有毒有害气体检测的主流传感器。

③ 浓差电池型气体传感器，具有电化学活性的气体在电化学电池的两侧，会自发形成浓差电动势，电动势的大小与气体的浓度有关，这种传感器的成功实例就是汽车用氧气传感器、固体电解质型二氧化碳传感器。

④ 极限电流型气体传感器，是一种测量氧气浓度的传感器利用电化池中的极限电流与载流子浓度相关的原理制备氧（气）浓度传感器，用于汽车的氧气检测和钢水中的氧浓度检测。

12.3.2　相关流程

基于 CB100 系列核心板进行二次开发并将相关逻辑编写为控制脚本，上传到 Remote 物联网硬件管理平台，实现井盖监控智能终端的控制。控制脚本如图 12.13 所示。

图 12.13　控制脚本

根据井盖监控的特点，系统可以配置报警上传方式，其中考虑到电池供电的时间问题，可以选择休眠触发模式。正常情况下系统仅保持低电压监控传感器值，当阈值变化超过报警值后，系统自动进行数据上传并进行相关报警处理，如图 12.14 所示。

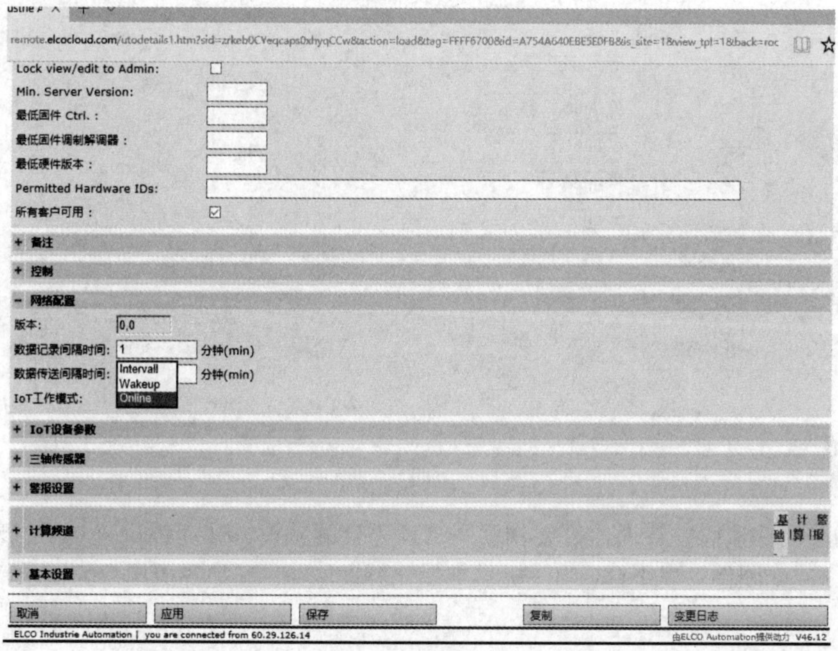

图 12.14　数据处理

作为特殊监控的物联网硬件，自身的健康状况直接影响到被监控产品的有效性。硬件提供对电量、工作温度、运营商网络等方面的自检测功能，相关参数超出正常工作范围时系统自动报警，直接通知用户进行设备维护，如图 12.15 所示。

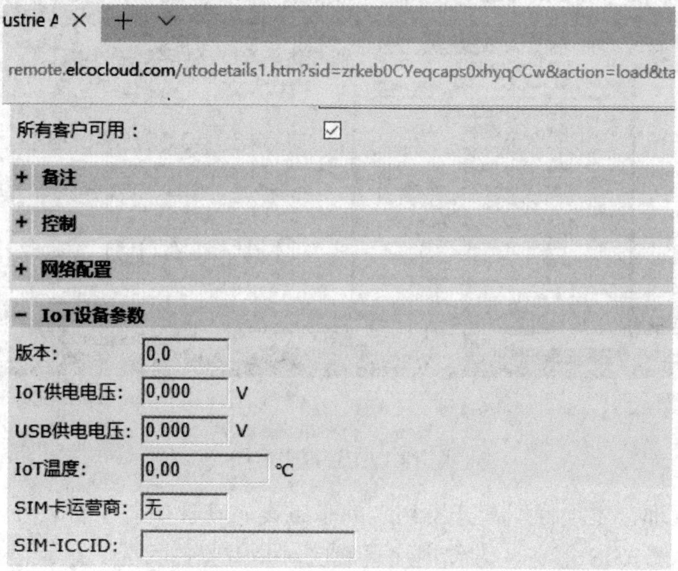

图 12.15　电压范围

三轴传感器信息可以在系统中进行查看并进行相应的调试，以便确定井盖报警角度设置有效（部分特殊位置井盖安装并非水平，此功能可确保监控角度设置有效性），调试如图 12.16 所示。

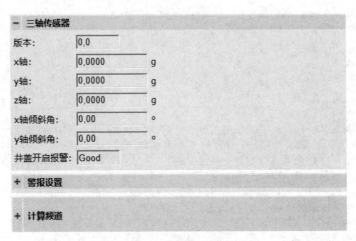

图 12.16　三轴传感器的设置

对于物联网井盖监控管理，需要物联网管理平台的支撑，从而提供直观的管理应用服务和标准的 Remote 硬件管理平台，同时提供定制化开发服务，满足各类用户的需求，如图 12.17 所示。

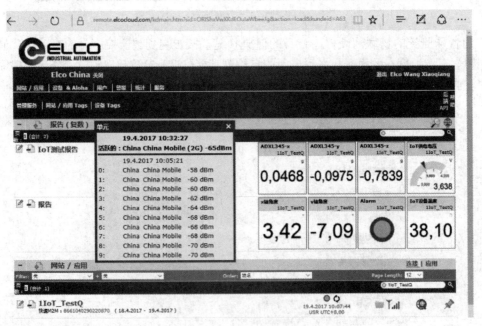

图 12.17　管理平台图

为方便用户管理，本项目配套开发相应的基础设施管理服务平台软件，将采集的数据图表化处理，配套地图 GIS 服务，方便用户直观地对井盖监控状况、报警信息等进行管理，如图 12.18 所示。

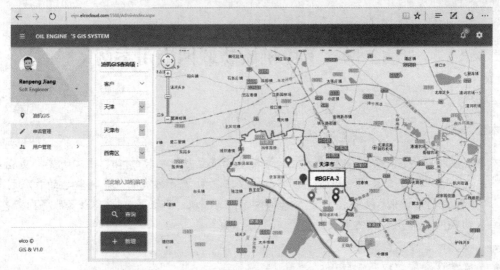

图 12.18　地图检测图

12.3.3　项目结果

市政井盖物联网系统，可以从根本上解决市政井盖由于种类数量众多、维护复杂而造成的监管困难，实现城市基础设施由粗放式管理向精细化管理的转变，并在很大程度上避免了由设施被盗、破坏而造成的人身安全危害和重大经济损失。不仅加大了信息化对城市管理的渗透力度，有效地降低了城市管理的经济成本，还在城市综合管理模式上获得突破性的创新成果。这一系列的显著效益，契合了全国纷纷开展的建设智慧城市中智慧城管领域的需要。

12.4　应用展望

在城市中，井盖数量多、管理难度大，纯靠人工巡查快速处置难度很大。随着我国科技实力的发展，各类物联网技术也曾试图对井盖进行监控，由于井盖数量多、分布广，分属几十家管理单位，因此，实现全区域覆盖投入大、实施难、免维护周期短的问题一直困扰着管理机构。

随着具有容量大、功耗低、覆盖远特征的 NB-IoT 技术标准的冻结，相比于传统的物联网技术和可预见的未来若干年的研究技术，NB-IoT 技术的引入为彻底解决井盖管理问题带来了契机。一旦运营商采用该技术，在现有无线网络上进行平滑升级，实现城市性甚至全国性的覆盖将不是难题，而窨井内恶劣的无线传输条件也由于 NB-IoT 技术所特有的覆盖增强能力得到了很好的解决。使用该技术的智能井盖免维护时间也将有数倍的提升，届时几十家责任单位则可以共享同一运营商网络，从而进一步降低井盖管理以及整体市政管理的成本。

该市政井盖物联网应用案例的主要功能包括井盖位置定位管理、井盖状态管理、井盖告警实时监控、井盖故障提示处理等。管理机构可通过云端服务器和 APP 了解信息和制订管理策略，组织和安排人力进行施工登记、区域管理等。

该智能井盖管理系统不仅具有接入技术优势，而且在实际工程应用方面也有丰富的经验。它能结合城市道路水位监控功能等其他市政管理系统功能实现城市内涝积水路段的预警以及快速处置，为市政建设智慧化提供技术保障。

第 13 章　工程机械物联网应用案例

本章导读

本章提供物联网软硬件整体解决方案，方案基于强大且低功耗的 IoT 核心硬件、功能完备的软件系统平台以及定制化设计开发的研发能力。本项目重点解决的是车辆监控的物联网智能硬件，以及配套的管理平台（中控室）、智能终端 App（手机、平板等），具体业务服务内容包括：
- 物联网硬件开发及集成设计
- 物联网管理平台服务
- 流量及资费管理定制服务
- 客户软件及 APP 设计开发服务

13.1　项目简介

13.1.1　设计背景

随着社会的进步和经济的飞速发展，道路的工程车辆运输及作业日渐增多，工程车辆的行驶区域以及行驶中时间的长短都有严格而特殊的要求。针对其特殊要求，有效结合其物联网硬件及软件平台，可以实现对车辆进行实时监控、区域监控、路线监控以及记录各种行驶状态数据等功能，以确保行车安全管理的高效性。

13.1.2　系统简介

基于 IoT 核心板硬件，通过集成具备 GNSS 功能及蓝牙功能的通信模组，配置一定容量的可充电电池，以及内置 PCB 天线，并提供具备 CAN 总线接口的物联网采集终端，结合用户的需求匹配车辆的 OBD 接口，或直接连接 ECU 相关接口，实现对装备信息的获取，如图 13.1 所示。

图 13.1　系统监控流程

配套开发相应的平台管理软件，将采集的数据图表化处理，配套地图 GIS 服务，方便用户直观地对车辆进行管理。

13.2　项目设计

本系统采集硬件为基于 EIoT Box MB 的系列产品，通过 RS232/RS485 接口，结合相关的数据线，转换为 CAN 总线方式，实现物联网采集硬件同 ECU 连接，并进行相关数据的采集、上传，如图 13.2 所示。

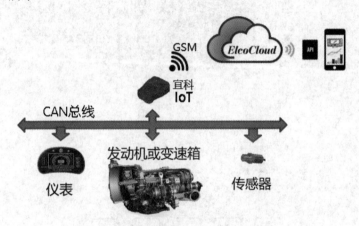

图 13.2　数据采集图示

多数工程机械制造厂商并不自主生产车辆动力系统，如需供应商提供相关技术服务和远程运维支持，可以通过该技术仅采集相关动力单元的信息，并将信息推送给动力单元制造厂商（仅查看功能），便于其分析设备问题，提供远程诊断维护支持服务，最大限度地确保设备能够长期稳定运行。

13.3　项目开发

13.3.1　系统硬件环境及说明

1. CB100 集成芯片平台

对于车辆设施监控多采用 CAN 总线技术，特别是工程机械产品，以及基于各类卡车为载体的工程类车辆。标准物联网 CB100 系列技术平台提供远程串口，支持对于 CAN 接口的扩展能力，如图 13.3 所示。

具体工程车辆的运行机制、设备供电问题可以通过车载电力系统进行解决，但充分考虑到系统停车后的监控，为硬件提供基于工业物联卡及可充电聚合物锂电池在内的智能硬件解决方案，并配置 IP67 防护等级的外壳保护，具备一次投入长期循环应用的特点。

对工程车辆实际使用过程中需要监控的功能如图 13.4 所示。部分信息可以通过 CAN 接口直接获取，部分接口需要增加第三方传感器进行采集，定位服务和运动轨迹基于硬件自带的 GNSS 芯片进行采集，并输出相关数据给软件平台处理。

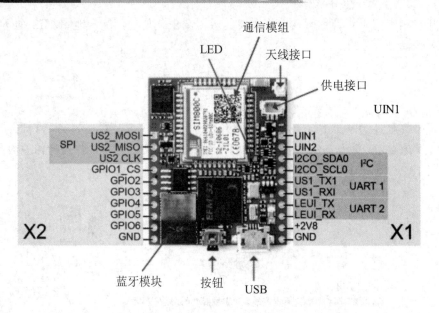

图 13.3　CB100 集成芯片

相关监控功能

图 13.4　监控功能

2. EIoT Box MB 采集硬件

采集硬件基于 EIoT Box MB 系列的产品，如图 13.5 所示。采集硬件参数如图 13.6 所示。

图 13.5　采集硬件

硬件	项目	参数指标
通信部分	通信标准	2G（GPRS）/4G（可选）
	通信频段	• 四频850/900/1800/1900MHz • GPRS multi-slot class 12/10 • GPRS mobile station class B 　– Class 4（2 W @850/900 MHz） 　– Class 1（1 W @1800/1900MHz）
	天线选项	SMA接口
采集部分	数据采集接口	RS-232-C、RS485（端子）
	支持传输协议	标准Modbus
	波特率	300-115200bps
	工作模式	支持主机模式，最多接5个从机设备，通过软件设置读写每个从机设备15组 寄存器，每个从机寄存器总是最多80个寄存器(160个字节)
	工作电压	DC 6V...30V
	工作电流	Max 300mA@24V
	工作温度	-25℃...85℃
	存储温度	-40℃...125℃
	尺寸	86 x 62 x 25mm
	RS485可靠性	电气隔离或反极性保护
平台部分		1、可配置IoT工作模式、数据记录间隔时间 2、可配置从机个数，每个从机通信的帧间隔时间，最小100ms 3、可配置每个从机读写的寄存器地址/连续地址块 4、远程控制命令：从机重启、从机关机、从机停机 5、触发记录信息：开机时间、关机时间、使用频率
其他功能		Link指示灯：在IoT与云务服区连接时为绿灯常亮，断开时红灯常亮； Com指示灯：无数据时绿灯常亮，有数据时根据数据通讯速率闪烁
产品包装规格		EIoT Box MB产品1件、延长天线（吸盘式或贴片式）1套

图 13.6　采集硬件参数

13.3.2　系统软件环境及说明

基于物联网的管理方式应该最大限度地提升工程机械施工作业管理的高效性和准确性，数据终端采集的相关数据需要结合管理应用需求进行合理的展示及应用，以便对相关工程机械装备进行有效的监控，减少人工干预所带来的不确定因素及数据准确性问题，提升管理效能和设备利用。

为此，基于 Remote 核心硬件管理服务平台提供的 API 接口如图 13.7 所示，用户可以自行开发相关物联网管理使能平台，或由用户自主选择开发相关平台软件，由用户自行部署及管理运维。

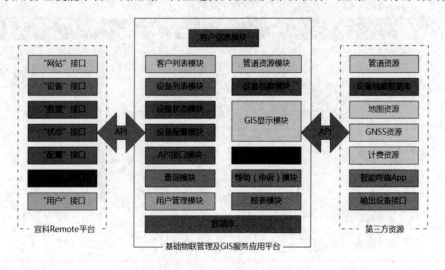

图 13.7　系统软件接口连接图

该软件平台所具备的 Rest API 接口可以满足不同用户调用数据的需求，既可以支持工程机械运维用户的使用管理及维护管理，又可以提供部分接口给装备制造企业，便于装备制造企业提供高效的售后服务支持，最大限度地发挥物联网监控解决方案的实施意义。

13.3.3　项目结果

本项目的解决方案基于本地运营商网络的物联网接入管理（具体参见 12.2.1 节）。APP 开发定制，可用手机或平板来管理数据，非常便捷，如图 13.8 所示。

图 13.8　手机 APP 登录界面

在登录界面选择功能实现即可执行相应的操作，如图 13.9 所示即为实时监控功能。

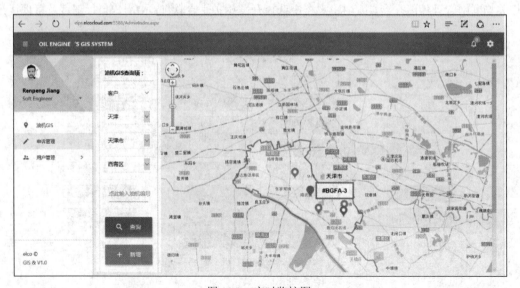

图 13.9　实时监控图

13.4　应用展望

　　现阶段的工程车主要应用于混凝土搅拌，如图13.10所示。目前的大部分混凝土公司都是由人工按经验进行调度，混凝土一旦装上车，公司就无法对车辆进行有效的监控，对于如何保证车辆在最佳时间之内卸料缺乏有效的控制机制。同时，对司机的违规行为不能进行监管，对车辆的运行情况也缺乏实时监控，企业缺乏决策数据。

图13.10　工程作业中的混凝土搅拌车

　　本章所述系统设计出适用于车载监控装置的专用软件程序，搭配专有的硬件设施，利用无线网络技术和 GPS 全球卫星定位技术向远程监控点实时传递大型工程车辆的设备状态信息、工作参数数据（包括时间、经度、纬度、速度、方向角），监控车辆所在地点、车速、车辆重要部件状态（如风压、发动机各参数等）。在任意显示终端上，可以清楚地查询到相关车辆的作业情况，进行设备状态的报警，实现对工程车辆的有效监控和监管。

参考文献

[1] 张翼英. 物联网导论[M]. 二版. 北京：中国水利水电出版社，2016.

[2] 张翼英. 物联网典型应用案例[M]. 北京：中国水利水电出版社，2016.

[3] 鲍若凡. Arduino 单片机在信息技术教育中的应用研究[J]. 软件导刊，2015，14（6）：224-225.

[4] 王路，曲伟，胡家骏. 多功能 PM2.5 检测系统[J]. 黑龙江大学工程学报，2016，7（1）：66-72.

[5] 蒋碧波，刘芹，陈侃松，等. 基于传感网的 PM2.5 监测系统设计与实现[J]. 计算机测量与控制，2015，23（11）：3603-3605.

[6] 傅裕. 基于物联网的 PM2.5 传感系统的设计与实现[D]. 北京邮电大学，2014.

[7] 王建荣，邱选兵，李传亮，等. 基于物联网的大气环境 PM2.5 实时监测系统[J]. 河南师范大学学报（自然版），2015（6）：40-45.

[8] 胡克会，任海春. 一种基于物联网的家居空气质量检测系统：CN204406172U[P]. 2015.

[9] 徐蔡军，张莉萍，葛鸿翔，等. 基于 ARM 的智能车位锁远程控制系统设计[J]. 测控技术，2017，36（8）：59-61.

[10] 李渊博，张红雨，牛嘉祥. 基于蓝牙的智能车位锁设计[J]. 电子设计工程，2017，25（13）：126-129.

[11] 张瑞增. 基于智能车位锁的共享停车位管理系统研究与设计[D]. 山东大学，2017.

[12] 陈开军. 基于 Arduino 技术的智能小车设计[J]. 科技创新与应用，2014（34）：78-79.

[13] 卞云松. 基于 Arduino 单片机的避障小车机器人[J]. 自动化技术与应用，2014，33（1）：16-19.

[14] 潘元骁. 基于 Arduino 的智能小车自动避障系统设计与研究[D]. 长安大学，2015.

[15] 朱会龙. 基于 RFID 技术的校园一卡通系统的设计与实现[J]. 数字技术与应用，2014（1）：154-156.

[16] 梅暖英. 基于 RFID 技术的城市一卡通系统的应用研究[D]. 江苏大学，2011.

[17] 周富丽，刘红. 基于 RFID 智能公交系统的设计[J]. 物联网技术，2015（7）：62-63.

[18] 孟越，郑文昌，郭震海. RFID 技术在智慧公交运营管理中的应用[J]. 交通与运输（学术版），2016（A01）：89-93.

[19] 耿金龙，薛峰. 基于 Android 智能视频监控预警系统的设计[J]. 电子设计工程，2017，25（5）：187-189.

[20] 刘楠，陈万忠，王秋爽，等. 基于 Android 平台的远程视频监控报警系统[J]. 吉林大学学报（信息科学版），2016，34（2）：283-288.

[21] 萨依绕·哈依甫拉，金洁，滕卫卫，等. 烟气在线监测系统[J]. 油气田地面工程，2012，31（3）：59-60.

[22] 庞宁. 基于物联网的便携式全自动烟气（尘）测试仪硬件设计[J]. 科技信息，2014（11）：242-242.

[23] 马娜. 一种烟气监测系统：CN203443947U[P]. 2014.

[24] 姚志强，朱恒军，都文和. 基于物联网的智能仓库监控系统设计与实现[J]. 河北工程大学学报（自然科学版），2014，31（2）：86-88.

[25] 张毅，段维俊，魏军刚，等. 基于物联网架构的仓库温湿度监控系统的设计[J]. 物联网技术，2013（6）：71-73.

[26] 王明. 基于物联网的仓库智能监控系统设计与实现[D]. 电子科技大学，2015.

[27] 田汉卿. 基于 ARM 平台远程控制的宠物喂养系统的设计与实现[D]. 北京工业大学，2015.

[28] 孙博，于洋. 远程实时智能喂养宠物系统设计与实现[J]. 电子技术与软件工程，2016（9）：75-76.

[29] 雷波. 物联网技术在运输车辆调度与监控中的应用[J]. 中国市场，2017（32）.

[30] 陈新文，温希军，王琼，等. 物联网技术在畜牧业中的应用[J]. 农业网络信息，2012（7）：8-9.

[31] 刘辉，季海峰，王四新，等. 物联网技术及其在畜牧业中的应用[C]. 中国畜牧兽医学会信息技术分会 2014 年学术研讨会，2014.

[32] 马爱丽，曹梦宇，唐玮璇，等. 基于智能井盖的物联网+市政一体化系统[J]. 物联网技术，2016，6（3）：105-107.

[33] 王新良，翟夏杰. 基于物联网的智慧井盖监控系统设计研究[C]. 中国智慧城市建设技术研讨会，2015.